数据中国"百校工程"项目系列教材
数据科学与大数据技术专业系列规划教材

瑞翼教育

Python
编程基础与应用

韦德泉 许桂秋 ◉ 主编

方曙东 莫毅 曹红根 钱鸣 史春雷 张钦礼 胡楠 朱长水 ◉ 副主编

BIG DATA
Technology

人民邮电出版社
北京

图书在版编目（CIP）数据

Python编程基础与应用 / 韦德泉，许桂秋主编. --
北京：人民邮电出版社，2019.3（2019.9重印）
数据科学与大数据技术专业系列规划教材
ISBN 978-7-115-50346-6

Ⅰ. ①P… Ⅱ. ①韦… ②许… Ⅲ. ①软件工具—程序
设计—教材 Ⅳ. ①TP311.56

中国版本图书馆CIP数据核字(2019)第025882号

内 容 提 要

本书从实用的角度出发，采用理论与实践相结合的方式，介绍 Python 程序设计的基础知识，力
求培养读者使用 Python 语言解决问题的能力。全书内容包括 Python 程序设计导论、Python 程序设
计初步、循环程序设计、函数和递归、Python 数据结构、Python 面向对象程序设计、Python 多线程
程序设计。

本书作为 Python 语言的入门教材，目的不在于覆盖 Python 语言的所有知识点，而是介绍 Python
语言的主要语法结构，使读者能够掌握 Python 语言的核心内容，能够在未来的工作中运用 Python
语言编写实用的程序。为了增强实践的效果，本书由浅入深地引入了 5 个综合性的案例，帮助读者
理解各种语法知识，并让读者体会如何在实际编程中灵活运用所学知识和技能。

本书可作为高校 Python 程序设计课程的教材，也可供对 Python 感兴趣的读者阅读参考。

◆ 主　编　韦德泉　许桂秋
　　副主编　方曙东　莫　毅　曹红根　钱　鸣
　　　　　　史春雷　张钦礼　胡　楠　朱长水
　　责任编辑　邹文波
　　责任印制　陈　犇

◆ 人民邮电出版社出版发行　　北京市丰台区成寿寺路 11 号
　　邮编　100164　　电子邮件　315@ptpress.com.cn
　　网址　http://www.ptpress.com.cn
　　大厂聚鑫印刷有限责任公司印刷

◆ 开本：787×1092　1/16
　　印张：10.5　　　　　　　　　2019 年 3 月第 1 版
　　字数：376 千字　　　　　　　2019 年 9 月河北第 4 次印刷

定价：39.80 元

读者服务热线：(010)81055256　印装质量热线：(010)81055316
反盗版热线：(010)81055315
广告经营许可证：京东工商广登字 20170147 号

前　言

信息技术的高速发展，引发了近几年的大数据和人工智能浪潮。信息技术人员作为时代的"弄潮儿"，在对这些波澜壮阔的景象感到兴奋的同时，又深刻感受到技术的飞速变化所带来的巨大压力。

然而，万变不离其宗。拨开各种新奇技术的层层迷雾，我们还是能够看到其中稳定的内核，那就是计算机的基本原理。计算机归根结底是一种存储数据和执行计算的工具。如果人们想要运用这种工具来改善生产和生活，就需要编写程序控制计算机的运行。因此，程序设计便成为了信息技术从业者的一项重要的技能。

世界上的程序设计语言成千上万，1989 年诞生的 Python 语言凭借其易学易用、简洁清晰的特点，覆盖的人群和领域逐年扩张。目前，Python 语言已经稳居各种编程语言排行榜的前列，成为了世界上使用最广泛的编程语言之一。这个现状给了人们充足的理由和动力去学习和使用 Python 语言。

本书作为 Python 语言的入门教材，能够帮助希望成为信息时代冲浪者的读者，从一个外行跨入信息技术的大门。全书采用理论与实践相结合的方式，循序渐进地介绍 Python 程序设计的知识与思路；由浅入深地引入综合性的实践案例，引导读者运用所学知识解决现实中的问题。

全书共 7 章，阐述了 Python 语言的核心语法结构，以及运用这些语法结构编写程序解决问题的思路。书中还包含了 5 个综合性的案例，其难易程度和侧重点与书中各章节的知识相对应。各章具体内容如下。

第 1 章概述 Python 语言的基本情况和编程环境，并详细介绍搭建编程环境的步骤，确保读者能够正确地配置开发环境，为后面的学习做好准备。

第 2 章初步介绍 Python 语言的主要语法结构，使读者对 Python 语言有一个全面的了解，本章还设计了第 1 个实践案例，可实现简单的投掷骰子的功能。

第 3 章着重阐述如何运用 Python 语言解决迭代类型的问题，讲述 Python 语言处理迭代问题的语法，列出一些常见的迭代问题以及解决方案，并介绍了第 2 个实践案例——编程实现一个猜数字的小游戏。

第 4 章深入讲解 Python 语言的函数功能，并且讲述递归程序设计的思路。

第 5 章讲解 Python 内置的、用途广泛的数据结构，并介绍了数据抽象的概念以及如何使用 Python 表达这种概念。第 5 章设置了第 3 个实践案例，该案例综合运用了前面章节所讲述的 Python 知识，使用 Python 实现链表并表示树结构。

第 6 章介绍面向对象程序设计的基本知识和思路，本章最后设计了第 4 和第 5 个实践案例，通过综合运用前 6 章讲解的 Python 的各种核心语法，实现计算器和一种简单的编程语言解释器，完成了复杂程序的设计和组织工作。

第 7 章介绍了多线程的基本知识和 Python 多线程程序设计的基本方法。

本书可以作为高等学校计算机和信息管理等相关专业程序设计入门课程的教材。使用本书教学建议安排课时为 64 课时，教师可根据学生的接受能力以及高校的培养方案选择教学内容。

特别提示：由于软件在不断升级或网站界面有更新，读者打开的软件下载界面与看到的软件版本可能与本书不一致，没有关系，软件的下载与安装方法是类似的。

由于编者水平有限，编写时间仓促，书中难免出现一些疏漏和不足之处，恳请广大读者批评指正。

编　者

2019 年 1 月

目　录

第1章
Python 程序设计导论

在编程的世界里，没有哪一种语言更好，只有哪一种语言更合适。我们提倡"存在即合理"的理念。当前热门的编程语言都有其存在的道理，它们都有各自擅长的领域和特性。因此，我们无法去衡量哪一门语言是最好的，只能根据具体的应用场景选择最合适的编程语言。

Python 是一门跨平台、开源、免费的解释性高级动态编程语言，其语法精简，安装容易，可扩展性强，越来越受到人们的关注和青睐。本章将要探讨以下 4 个方面的内容。

（1）计算机系统中硬件和软件的作用。

（2）计算机编程语言的形式和功能。

（3）几种 Python 语言的开发环境。

1.1 计算机与程序

计算机是根据指令操作数据的设备。从功能的角度来看，计算机是对数据的操作，表现为数据计算、输入/输出处理和结果存储等；从可编程的角度来看，计算机就是根据一系列指令自动地、可预测地、准确地完成操作者意图的工具。

1.1.1 计算机的基本组成

计算机和网络是信息技术的核心，利用计算机可以高效地处理和加工信息，随着计算机技术的发展，计算机的功能越来越强大，不但能够处理数值信息，而且还能处理各种文字、图形、图像、动画、声音等非数值信息。下面介绍计算机的组成与工作原理、硬件系统和软件系统相关的知识。

1. 计算机的组成与工作原理

计算机的组成指的是计算机系统结构的逻辑实现，包括计算机内数据信号和控制信号的流向及逻辑设计等。冯·诺依曼于 1945 年提出了存储程序的设计思想，直到今天，计算机仍然采用冯·诺依曼结构。冯·诺依曼将计算机分成五大基本部分：输入设备、存储设备、运算器、控制器和输出设备。计算机的工作原理如图 1-1 所示。

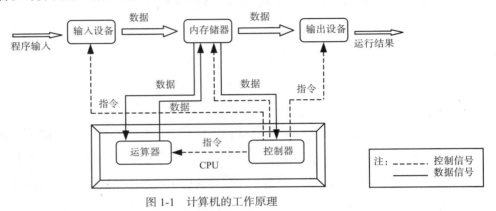

图 1-1　计算机的工作原理

2. 计算机的硬件系统

计算机的硬件系统指构成计算机的所有物理部件的集合。从外观上看，由主机、输入和输出设备组成。根据冯·诺依曼原理，可将计算机分成输入设备、存储设备、运算器、控制器和输出设备。

（1）输入设备（Input Devices）：输入设备是计算机的重要组成部分，输入设备与输出设备合称为外部设备，简称外设。输入设备的作用是将程序、原始数据、文字、字符、控制命令或现场采集的数据等信息输入计算机。常见的输入设备有键盘、鼠标、手写板、触摸屏、扫描仪（光电输入机）、磁带机、磁盘机、光盘机等，如图 1-2 所示。

键盘　　　　　　　鼠标

手写板　　　扫描仪　　　触摸屏

图 1-2　输入设备

（2）存储器（Memory）：存储器的功能是存储程序、数据和各种信号、命令等信息，并在需要时提供这些信息。存储容量的基本单位是字节（Byte），一个字节由八位二进制数（Bit）组成。为了表示方便，存储单位还有千字节（KB）、兆字节（MB）、吉字节（GB），它们之间的换算关系为 $1KB=2^{10}B=1024B$；$1MB=2^{10}KB=1024KB$；$1GB=2^{10}MB=1024MB$。存储器分为内存和外存。

① 内存：用于存储程序和数据，又可分为只读存储器（Read Only Memory，ROM）和随机存储器（Random Access Memory，RAM），二者的区别如表 1-1 所示。

表 1-1　　　　　　　　　　　　ROM 与 RAM 的区别

类别	对信息的修改	断电后的信息情况	用途
ROM	只读	不丢失	永久存放特殊专用信息
RAM	可读、可写	全部丢失	存放临时程序和数据

② 外存：可用于长期存储程序和数据，容量大。软盘、硬盘、光盘、U 盘等都是外部存储器。硬盘是一种硬质圆形磁表面存储媒体，不但存储量大，而且读写速度快，是目前计算机主要的存储设备。

（3）运算器（Arithmetic Unit）：运算器的功能是对数据进行各种算术运算和逻辑运算，即对数据进行加工处理，是计算机实施算术运算和逻辑判断的主要部件。

（4）控制器（Controller）：其功能是对程序规定的控制信息进行解释，根据其要求进行控制，实现调度程序、数据、地址，协调计算机各部分的工作及内存与外设的访问等功能，是指挥、控制计算机运行的中心。其作用是：从存储器中取出信息进行分析，根据指令向计算机各个部分发出各种控制信息，使计算机按要求自动、协调地完成任务。中央处理器（Central Processing Unit，CPU）是运算器和控制器的合称，是微型计算机的核心，人们习惯上用 CPU 型号来表示计算机的档次，例如，286、386、486、Pentium、P Ⅱ、P Ⅲ、P4 等。

（5）输出设备（Output Devices）：输出设备与输入设备同样是计算机的重要组成部分，它可以输出计算机的中间结果或最后结果、机内的各种数据符号及文字或各种控制信号等信息。常用的输出设备有显示器、打印机、绘图仪等，如图 1-3 所示。

　　　　　显示器　　　　　　　　　打印机　　　　　　　　　绘图仪

图 1-3　输出设备

3. 计算机软件系统

软件（Software）是一系列按照特定顺序组织的计算机数据和指令的集合，是程序、数据和有关文档资料的总称。软件通常被划分为系统软件和应用软件两类。系统软件为计算机使用提供最基本的功能，但是并不针对某一特定应用领域。而应用软件则恰好相反，不同的应用软件根据用户和所服务的领域提供不同的功能。其中，系统软件根据功能又可分为操作系统（OS）、各种程序语言的编译和解释软件、数据库管理系统。

（1）操作系统。操作系统是系统软件中最基础的部分，是用户和裸机之间的接口，其作用是管理计算机的软硬件资源，使用户更方便地使用计算机，以提高计算机的利用率。常见的操作系统有 Windows、Linux。

（2）各种程序语言的编译和解释软件。编译和解释软件的作用是将人类可读可理解的源代码文本，转换为计算机可以运行的机器指令格式。正是由于编译和解释软件的存在，我们才可以使用 Python 或者 Java 这样的高级计算机语言编写程序。

（3）数据库管理系统。数据库是按一定的数据方式组织起来的数据的集合。数据库管理系统的作用就是管理数据库。它一般具有建立、编辑、维护和访问数据库的功能，并提供数据独立、完整及安全的保障。现在市场上常见的数据库管理系统有 MySQL、SQL Server、Oracle 等。

1.1.2 什么是程序

程序是一个特定的指令序列，它告诉计算机要做哪些事，按什么步骤去做。指令是一组用二进制数表示的命令语言，用来表示计算机所能完成的基本操作。程序是为求解某个特定问题而设计的指令序列。程序中的每条指令规定计算机完成一组基本操作。如果把计算机完成一次任务的过程比作乐队的一次演奏，那么控制器就好比是一位指挥，计算机的其他功能部件就好比是各种乐器与演员，而程序就好比是乐谱。计算机的工作过程就是执行程序的过程，或者说，控制器是根据程序的规定对计算机实施控制的。

1.1.3 计算机如何执行程序

程序只有在计算机上运行起来，才能真正产生效果。一个程序从产生到运行，会经历几个典型的步骤：编辑→编译→链接。只有顺利通过这些步骤的程序才能够在计算机上运行起来。

1. 编辑

这个阶段用于产生人工可读可理解的程序源代码。在这个阶段，程序员使用编辑器软件，根据程序设计语言的语法编写源代码。当前主流的程序设计语言有 Java、Python、C、C++等。

2. 编译

人们能够读懂程序源代码，但是计算机并不能直接运行这些源代码。计算机能够认识和执行的是二进制的计算机指令。因此源代码必须转换为二进制指令。这个转换过程被称为编译过程，编译阶段的产物可以由计算机运行，从而能够进行运算或者操作计算机硬件。例如，解决一个数学问题，或者在显示器上播放视频。

3. 连接

现代的计算机程序非常复杂，通常由多个人或者多个团队分工协作完成。每个人/团队负责编写相对独立的一部分程序源代码，并独立编译得到对应的计算机指令。显然，需要某种机制将所有人的工作拼装组合，得到完整的计算机程序。这种机制被称为连接。它的作用是将每个人的独立编译结果，也就是一个程序的部分二进制指令，汇总起来构造出完整的能够最终在计算机上运行起来的程序文件。

经过上述步骤生成的程序文件，如何在计算机上运行呢？计算机有负责存放数据与指令的装置，称为内存；还有能够进行算术和逻辑运算的装置，称为中央处理单元，即 CPU。运行一个程序的时候，首先将该程序加载到内存中，然后将内存中的程序指令按顺序放入 CPU 中执行。CPU 根据具体的每一条指令，或者进行某种运算，或者指挥计算机上的其他硬件工作。这样，一个程序的所有指令执行完毕，就完成了该程序的运行。根据程序中所包含的不同指令，不同的程序就完成了不同的工作。

1.2　Python 语言

Python 是一种计算机程序设计语言。目前有很多种编程语言，比如，比较难学的 C 语言、非常流行的 Java 语言、适合网页编程的 JavaScript 脚本语言等。那么，如何定位 Python 语言？

用任何编程语言来开发程序，都是为了让计算机完成一定的工作，如上传或下载文件，编写一个文档等，而计算机的 CPU 只是负责辨识机器指令，所以，虽然不同的编程语言差异极大，最后都要翻译成 CPU 可以执行的机器指令。而不同的编程语言，即便是做同一项工作，编写的代码量的差距也很大。

比如，完成同一个任务，使用 C 语言要写 1000 行代码，使用 Java 只需写 100 行，而使用 Python 可能只需写 20 行。因此，Python 是一种相当简洁的高级语言。

对于初学者而言，Python 语言是非常简单易用的，连包括 Google 在内的许多大公司都在大规模使用 Python。

使用 Python 可以完成许多日常任务。例如，可以制作网站，很多著名的网站包括 YouTube 就是用 Python 语言开发的；可以做网络游戏的后台，很多在线游戏的后台都是使用 Python 开发的。当然，Python 语言也有不适用的领域，如开发操作系统、手机应用、3D 游戏等。

1.2.1　Python 语言简介

Python 是著名的程序员 Guido van Rossum 在 1989 年圣诞节期间，为了打发无聊时光而编写的一种编程语言。

现在，全世界差不多有 600 多种编程语言，但流行的编程语言只有 20 多种。最近 30 年常用编程语言的排名变化如图 1-4 所示。

Programming Language	2018	2013	2008	2003	1998	1993	1988
Java	1	2	1	1	17	-	-
C	2	1	2	2	1	1	1
C++	3	4	3	3	2	2	4
Python	4	7	6	11	24	13	-
C#	5	5	7	8	-	-	-
Visual Basic .NET	6	11	-	-	-	-	-
PHP	7	6	4	5	-	-	-
JavaScript	8	9	8	7	21	-	-
Ruby	9	10	9	18	-	-	-
R	10	23	48	-	-	-	-
Objective-C	14	3	40	50	-	-	-
Perl	16	8	5	4	3	9	22
Ada	29	19	18	15	12	5	3
Lisp	30	12	16	13	8	6	2
Fortran	31	24	21	22	6	3	15

图 1-4　近 30 年常用编程语言的排名变化图

总之，这些编程语言各有千秋。C 语言是可以用来编写操作系统的贴近硬件的语言，所以，C 语言适合开发那些追求运行速度、充分发挥硬件性能的程序。而 Python 是用来编写应用程序的高级编程语言。

1. Python 语言的发展

Python 语言也是从诸多其他语言发展而来的，包括 ABC、Modula-3、C、C++、Algol-68、SmallTalk、UNIX shell 和其他的脚本语言等。

与 Perl 语言一样，Python 源代码同样遵循 GPL（GNU General Public License）协议。

现在 Python 由一个核心开发团队在维护，Guido van Rossum 仍然在团队中发挥着至关重要的作用。

2. Python 的特点

（1）易于学习。Python 有相对较少的关键字，结构简单，语法定义明确，学习起来容易上手。

（2）易于阅读。Python 代码定义得很清晰。

（3）易于维护。Python 成功的一个很重要的原因在于它的源代码相当容易维护。

（4）拥有广泛的标准库。Python 最大的优势之一是其具有丰富的库，且可跨平台使用，在 UNIX、Windows 和 Macintosh 等不同系统中的兼容性很好。

（5）支持互动模式。互动模式支持用户从终端输入执行代码并获得结果。用户利用互动模式可进行测试和调试代码。

（6）可移植强。基于其开放源代码的特性，Python 已经被移植（也就是使其工作）到许多平台。

（7）可扩展性强。如果用户需要一段运行很快的关键代码，或者是想要编写一些不愿开放的算法，则可以使用 C 或 C++完成那部分程序，然后在 Python 程序中调用它们。

（8）支持数据库。Python 提供所有主要的商业数据库的接口。

（9）支持 GUI 编程。Python 下的 GUI 编程代码可以创建和移植到许多系统中调用。

（10）可嵌入。用户可以将 Python 代码嵌入到 C/C++程序，让程序的使用者获得"脚本化"的能力。

3. Python 语言的优点

（1）提供丰富的基础代码库。当使用一种语言开始做软件开发时，除了编写核心代码外，还需要很多基本的已经写好的现成的代码，来帮助加快开发进度。Python 就为我们提供了非常完善的基础代码库，覆盖了网络、文件、GUI、数据库、文本等大量的编程内容，被形象地称作"内置电池（Batteries Included）"。用 Python 开发，许多功能不必从零编写，直接使用现成的即可。

（2）具有丰富的第三方库。除了内置的库外，Python 还有大量的第三方库，也就是别人开发的，可供用户直接使用的库。当然，如果你开发的代码通过很好的封装，也可以作为第三方库给别人使用。

（3）应用范围广。许多大型网站就是用 Python 开发的，如 YouTube、国内的豆瓣等。很多大公司，包括 Google、Yahoo 等，甚至 NASA（美国航空航天局）都大量地使用 Python。

4. Python 语言的缺点

任何编程语言都有缺点，Python 也不例外。

（1）运行速度慢。与 C 程序相比，Python 的运行速度非常慢，因为 Python 是解释型语言，代码在执行时会一行一行地翻译成 CPU 能理解的机器码，这个翻译过程非常耗时，所以很慢。而 C 程序则是运行前直接编译成 CPU 能执行的机器码，所以运行速度非常快。

但是大量的应用程序不需要这么快的运行速度，因为用户根本感觉不出来。例如，开发一个下载 MP3 的网络应用程序，若 C 程序的运行时间需要 0.001 秒，Python 程序的运行时间需要 0.1

秒，但由于网络更慢，用户还需要等待 1 秒，用户基本上感觉不到 1.001 秒和 1.1 秒的区别。

（2）代码不能加密。如果要发布 Python 程序，实际上就是发布源代码。这一点与 C 语言不同。C 语言不用发布源代码，只需要把编译后的机器码（也就是 Windows 上常见的 xxx.exe 文件）发布出去。要从机器码反推出 C 代码是不可能的，所以，凡是编译型的语言，都没有这个问题，而解释型的语言，则必须把源代码发布出去。

5. Python 语言的语法

Python 是一个高层次的、结合了解释性、编译性、互动性和面向对象的脚本语言。Python 的程序具有很强的可读性，它具有比其他语言更有特色的语法结构。

（1）Python 是一种解释型语言。这意味着开发过程中没有了编译这个环节，类似于 PHP 和 Perl 语言。

（2）Python 是交互式语言。这意味着用户可以使用 Python 提示符直接互动执行编写的程序。

（3）Python 是面向对象语言。这意味着 Python 支持面向对象的风格或代码封装在对象的编程技术。

（4）Python 是初学者的语言。Python 对初级程序员而言，是一种伟大的语言，它支持广泛的应用程序开发，从简单的文字处理，到 WWW 浏览器的制作，再到游戏的开发等。

1.2.2　REPL

Python 是一种交互式的语言，这就意味着用户能够在一个软件环境中以一种互动的方式输入 Python 程序代码，该环境实时地给出代码的执行结果。这种软件环境在计算机的术语中被称为 Read–Eval–Print Loop（REPL），又称 shell。REPL 是一种简单、交互式的计算机编程环境，它采用单用户输入，然后对输入内容进行评估，并将结果返回给用户。在 REPL 环境中编写的程序，总是被分段执行。

1. 简介

在 REPL 中，用户键入一个或多条表达式（而不是整个完整的程序单元），然后 REPL 对这些表达式进行评估并显示结果。"Read–Eval–Print Loop"的命名来源于 Lisp 的如下私有功能。

（1）系统的读取函数接受来自用户的表达式，并将其解析为内存中的数据结构。例如，用户可以输入 S 表达式（+ 1 2 3），系统将其解析为包含 4 个数据元素的链表。

（2）eval 函数获取此内部数据结构并对其进行评估。在 Lisp 中，评估一个 S 表达式，是从函数名开始的，其余的部分是函数的参数。所以函数"+"调用参数 1、2、3，最后得出结果 6。

（3）打印功能是通过调用 eval 来产生结果的，并将结果输出给用户。如果是一个复杂的表达式，eval 会输出一个格式化的结果，以便用户理解。但是，在这个例子中，数字 6 不需要打印很多格式。

然后，开发环境返回读取状态，并创建一个循环，当程序关闭时，该循环终止。

REPL 有助于探索性编辑和调试程序，因为程序员可以在决定为下一次读提供表达式之前检查打印结果。

由于打印函数的格式化文本的输出结果与读取函数所使用的输入格式完全相同，因此大多数结果以可复制的形式被打印并粘贴回 REPL 中。

2．REPL 的功能

REPL 可以实现的典型功能包括以下几个方面。

（1）显示输入和输出的历史数据。

（2）为输入表达式和结果设置变量，这些变量在 REPL 中是可用的。例如，通常情况下，在 Lisp 中，"*"是指最后的结果，"**"和"***"是指之前的结果。

（3）REPL 的级别。在许多 Lisp 系统中，如果在读取、评估或打印表达式时发生错误，系统不会将错误消息抛回到顶层。它反而会在错误上下文中启动一个更深层的新的 REPL，用户可以检查问题，修复并继续。如果在调试 REPL 中发生错误，则再次启动更深层次的另一个 REPL。通常，REPL 提供特殊的调试命令。

（4）错误处理。REPL 提供重启功能。当重启可用时，若发生了一个错误，那么，系统就会回到一个特定的 REPL 层重新开始执行。

1.2.3　Python 脚本

Python 是一款应用非常广泛的脚本程序语言，在生物信息、统计、网页制作、计算等多个领域都体现出了强大的功能。Python 和其他脚本语言（如 R、Perl）一样，都可以直接在命令行里运行脚本程序。下面简单介绍 Python 3.6 环境下脚本的运行。

下面介绍下载与安装运行 Python 的方法。打开 Python 的官方网站，在首页找到下载页面的链接。可以根据本机的操作系统类型下载相应的安装文件，并安装。安装之后会在开始菜单出现对应的 Python 3.6 文件夹和相应的工具选项。如果选择该文件夹下的 IDLE（Python GUI）工具选项（这是一个功能完备的代码编辑器），则允许用户在这个编辑器中编写 Python 代码。而且输入 Python 的关键字后，按下【Tab】键即可自动补全不完整的代码，如图 1-5 所示。如果单击开始菜单下 Python 3.6 文件夹的 Python（Command Line）便可进入执行 Python 脚本的命令行界面，如图 1-6 所示。在这两个界面中均可运行 Python 脚本。

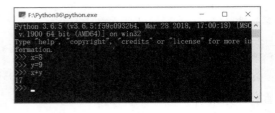

图 1-5　IDIE（Python GUI）代码编辑器　　　图 1-6　Python 命令行（Command Line）界面

1.3　Python 的开发环境

Python 可应用于多个平台，包括 Linux 和 Mac OSX。用户可以通过终端窗口输入"python"命令来查看本地是否已经安装 Python 以及 Python 的安装版本。下面介绍常用的 Python 开发软件——Anaconda 和 PyCharm 的安装方法。

1.3.1　Anaconda

Anaconda 是一个包与环境的管理器，一个 Python 发行版，以及一个超过 1000 多个开源包的集合。它是免费和易于安装的，并且提供免费的社区支持。

1. 首先从 Anaconda 的官方网站下载 Anaconda 安装包。进入官网后，需要根据用户的操作系统（Windows、MacOS 或 Linux）选择与本机系统（是 32bit 还是 64bit）相匹配的 Python 3.0 或以上的下载版本，界面如图 1-7 所示（特别提示：由于软件在不断升级或网站界面有更新，读者打开的下载界面与看到的软件版本可能与本书的不一致，没有关系，软件的下载与安装方法是类似的）。

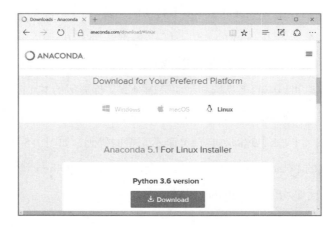

图 1-7　Anaconda 官网下载界面

2. 然后双击安装程序启动安装。具体过程如下。注意：如果在安装过程中遇到任何问题，可在安装期间暂时禁用杀毒软件，然后在安装结束后重新启用它。

（1）安装软件启动后，进入欢迎界面，如图 1-8（a）所示，单击"Next"按钮，弹出"License Agreement"界面，如图 1-8（b）所示，阅读许可条款并单击"I Agree"按钮。

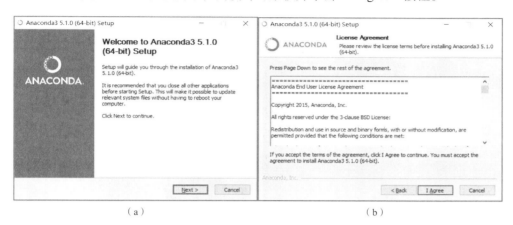

（a）　　　　　　　　　　　　　　　　　　（b）

图 1-8　安装 Anaconda——阅读许可

（2）进入"Select Installation Type"界面，选择"Just Me"安装选项，如图 1-9（a）所示。若要为所有用户安装（这需要 Windows 管理员权限），则选择"All User"选项，然后单击"Next"按钮。

（3）进入"Choose Install Location"界面，选择一个目标文件夹，安装 Anaconda，单击"Next"按钮，如图 1-9（b）所示。

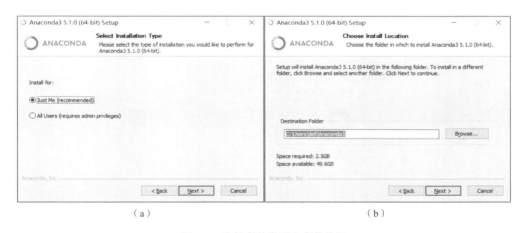

（a）　　　　　　　　　　　　　　　　　　（b）

图 1-9　选择安装类型和安装位置

（4）选择是否将 Anaconda 添加到 PATH 环境变量中。编者建议不要将 Anaconda 添加到 PATH 环境变量中，因为这可能会干扰其他软件的正常运行。

（5）选择是否将 Anaconda 注册为默认的 Python 3.6。该选项默认是勾选的。一般情况下，保持默认勾选即可，如图 1-10 所示。然后，单击"Install"按钮开始安装。安装完成后，可以从开始菜单打开 AnacondaNavigator 或者 Anaconda Prompt，然后就可以使用 Anaconda 环境。

3. 如果想了解更多的云管理服务和 Anaconda 的支持，则可以勾选"了解更多关于 Anaconda 云"和"了解更多关于 Anaconda 支持"的信息，然后单击"Finish"按钮，如图 1-11 所示。

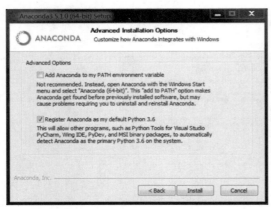 

图 1-10　选择是否将 Anaconda 填入 PATH 变量　　　　图 1-11　安装 Anaconda 成功

在安装完成后，可通过打开 Anaconda Navigator 来验证安装是否正确。这是一个包含了 Anaconda 的程序，可以从 Windows 开始菜单中选择"Anaconda"导航器，打开该软件。如果导航器打开，则表明已经成功地安装了 Anaconda；如果没有，则需要检查完成的每一个步骤。Anaconda 导航器包含了 Jupyter 笔记本和 Spyder IDE，如图 1-12 所示。

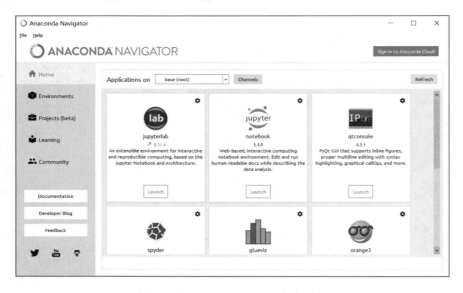

图 1-12　Anaconda Navigator 运行界面

1.3.2　PyCharm

PyCharm 是一种 Python IDE，带有一整套可以帮助用户在使用 Python 语言开发时提高效率的工具，如调试、语法高亮、Project 管理、代码跳转、智能提示、自动完成、单元测试、版本控制。此外，该 IDE 还提供了一些高级功能，以用于支持 Django 框架下的专业 Web 开发，同时支持 Google App Engine 和 IronPython。

1．下载和安装 PyCharm

进入 PyCharm 官网，读者可以根据自己计算机的操作系统选择相应版本下载并安装。具体的安装步骤非常简单，只需在第二个窗体选择安装的目标文件夹，然后在每个窗体单击 "Next" 按钮即可，直至安装完成。这时候 PyCharm 就自动运行了（由于是首次使用，所以有一些初始选择项需要设置），运行后会按如下顺序依次弹出相应的窗口。

（1）弹出如图 1-13 所示的窗口，我们选择默认选项即可，即无须配置导入路径，然后单击 "OK" 按钮。

图 1-13　选择是否在 PyCharm 加入 Import 路径

（2）弹出如图 1-14 所示的窗口，在该窗口中选择 "Evaluate for free"（PyCharm 并不是免费的，可以购买正版，也可以选择免费试用 30 天），然后单击 "Evaluate" 按钮。

（3）弹出如图 1-15 所示的窗口，可以选择的操作分别是：Create New Project（创建新项目）或 Open（打开一个项目）。首次使用时可以选择创建一个新的项目，即单击 "Create New Project"。

（4）弹出如图 1-16 所示的窗口，在左侧的导航栏选择 "Pure Python"，在右侧的 Location 中输入或选择创建项目要存放的路径，然后单击 "Create" 按钮。

这就创建了一个空项目，里面包含一个名称为.idea 的文件夹，用于 PyCharm 管理项目。

另外，可进行一些关于 PyCharm 风格的调整，可以做如下设置。

● 设置 PyCharm 的配色方案。可在【File】→【Settings】→Editor 选项下的 Code Scheme 子选项里进行设置。

● 设置 PyCharm 代码的字体大小。可在【File】→【Settings】→Editor 选项下的 Font 子选项里进行设置。

图 1-14　免费激活 PyCharm

图 1-15　PyCharm 初始界面

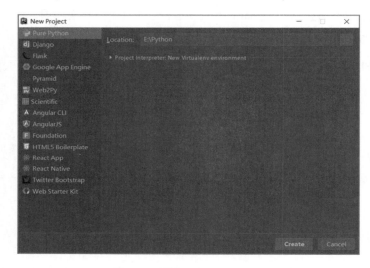

图 1-16　创建一个 Python 项目

2. 创建 Python 项目和添加 Python File

（1）在刚才创建的项目上单击鼠标右键选择【New】→【Python File】，进入如图 1-17 所示窗体，在此输入 Python 文件的名称，然后单击"OK"按钮。

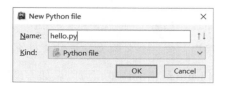

图 1-17　添加.py 文件

（2）进入代码编写界面，编辑该文件的脚本代码，输入代码：print "Hello word!"。

（3）设置控制台。运行之前，我们发现快捷菜单上的【运行】和【调试】都是灰色的，处于不可触发状态，这是因为需要先配置控制台。单击运行旁边的下拉箭头，进入【Run/Debug Configurations】配置界面（或者单击 Run –> Edit Configurations）。在【Run/Debug Configurations】配置界面里，如图 1-18 所示，运行如下配置后，单击"OK"按钮。

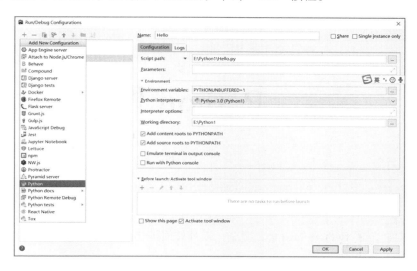

图 1-18　设置控制台

- 单击绿色（实际界面中的绿色加号，本书因是黑白印刷，所以看不到绿色的加号）的加号，新建一个配置项，并选择 Python（因为 Hello.py 就是一个 Python 程序）；
- 在 Name 一栏里填写名称，如 Hello；
- 单击 Scrip path 选项，找到 Hello.py。

（4）在"Run"菜单项下选择"Run'Hello'"，或直接在工具栏上单击绿色的运行按钮，观看程序运行的输出结果，如图 1-19 所示。

图 1-19　Hello.py 程序的运行结果

第2章
Python 程序设计初步

第 1 章主要介绍了 Python 的历史、特点，以及如何搭建 Python 程序的运行环境。本章主要介绍 Python 语言的基本语法和编码规范，并重点讲解 Python 语言的运算符、数据类型、常量、变量、表达式和常用语句等基础知识，为后续的 Python 程序开发奠定基础。

2.1　运算符与数据类型

Python 程序由一系列的表达式和语句构成，其中，表达式可以用于计算，并得到一个具体的值。表达式包含了运算符和 Python 对象。

2.1.1　运算符与表达式

运算符是程序设计语言最基本的元素，也是构成表达式的基础。在使用运算符对一个或多个数值进行运算操作时，可以指定运算操作的类型。

Python 支持的运算符有算术运算符、赋值运算符、比较运算符、位运算符、逻辑运算符。下面将结合各类型运算符来介绍相应的表达式。

1. 算术运算符及表达式

算术运算符用于对操作数或表达式进行数学运算。Python 提供的常用算术运算符如表 2-1 所示。

表 2-1 　　　　　　　　　　　　　　　　Python 常用算术运算符

算术运算符	具体描述	示例
+	加，即两个对象相加	3+5 的结果是 8
−	减，即两个对象做减法运算	23−6 的结果是 17
*	乘，即两个对象做乘法运算	2*11 的结果是 22
/	除，即两个对象做除法运算	4/2 的结果是 2
%	取模，即返回除法的余数	5%3 的结果是 2
**	求幂，即 x**y，返回 x 的 y 次幂	2**3 的结果是 8
//	整除运算，即返回商的整数部分	21//10 的结果是 2

如表达式（3+5）/2，计算结果及结果类型如下。其中，<class 'float'>表示表达式的计算结果是 float 类型，即使用浮点数表示的小数。

```
>>> (3+5)/2
4.0
>>> type((3+5)/2)
<class 'float'>
```

如表达式 5%3，计算结果及结果类型如下。其中，<class 'int'>代表了整数类型。

```
>>> 5%3
2
>>> type(5%3)
<class 'int'>
```

如表达式 2**3，计算结果及结果类型如下。

```
>>> 2**3
8
>>> type(2**3)
<class 'int'>
```

如表达式 21//10，计算结果及结果类型如下。

```
>>> 21//10
2
>>> type(21//10)
<class 'int'>
```

2. 赋值运算符及表达式

赋值运算符的作用是将运算符右侧的表达式的值赋给运算符左侧的变量。Python 提供的常用赋值运算符如表 2-2 所示。

表 2-2   Python 的常用赋值运算符

赋值运算符	具体描述	示例
=	简单的赋值运算符	c=a+b，即将 a+b 的结果赋值给 c
+=	加法赋值运算	a+=b，等效于 a=a+b
_=	减法赋值运算	a—=b，等效于 a=a—b
*=	乘法赋值运算	a*=b，等效于 a=a*b
/=	除法赋值运算	a/=b，等效于 a=a/b
%=	取模赋值运算	a%=b，等效于 a=a%b
//=	取整除法赋值运算	a//=b，等效于 a=a//b

注：表中的=为 Python 中的常用、基本赋值运算符，其他的为特殊赋值运算符。

在 Python 代码中，#符号开始直到行末尾的内容称为注释。在代码运行过程中，注释部分的内容被完全忽略。因此，注释仅仅是用来阅读的，并不参与程序的运行。

赋值运算的示例代码如下。

```
>>> x=3                   #简单赋值运算
>>> x+=3                  #加法赋值运算
>>> print(3)
3
>>> x*=4                  #乘法赋值运算
>>> print(x)
24
>>> x/=4                  #除法赋值运算
>>> print(x)
6.0
```

注意：对于一个之前不存在的变量，不能使用特殊的赋值运算符（Python 中的=为常用的基本赋值运算符，其他的赋值运算符也称为特殊赋值运算符）。示例代码如下。

```
>>> f+=2              #f 为未定义变量，不能进行特殊赋值运算
Traceback (most recent call last):
  File "<pyshell#16>", line 1, in <module>
    f+=2
NameError: name 'f' is not defined
```

表达式下面的信息意味着程序运行出现错误，因此 Python 解释器抛出了异常，并且把异常描述信息显示出来。

3. 比较运算符及表达式

比较运算符一般用于两个数值或表达式的比较，返回一个布尔值。Python 提供的常用比较运算符如表 2-3 所示。

表 2-3　　　　　　　　　　　　　Python 的常用比较运算符

比较运算符	具体描述	示例
==	等于，即比较对象是否相等	（2==3）返回 false
!=	不等于，即比较两个对象是否不相等	！（2==3），返回 true
>	大于，即返回 x 是否大于 y	（1>2），返回 false
<	小于，即返回 x 是否小于 y	（1<2），返回 true
>=	大于等于，即返回 x 是否大于等于 y	（1>=2），返回 false
<=	小于等于，即返回 x 是否小于等于 y	（1<=2），返回 true

比较运算的示例代码如下。

```
>>> 2==3 ; 2!=3
False
True
>>> 3<=3 ; 2>=3
True
False
```

4. 位运算符及表达式

位运算符允许对整型数中指定的位进行置位。Python 提供的常用位运算符如表 2-4 所示。

表 2-4　　　　　　　　　　　　　Python 的常用位运算符

位运算符	具体描述	示例
&	按位与运算符：参与运算的两个值如果相应位都为 1，则该位结果为 1，否则为 0	a & b 输出结果
|	按位或运算符：只要对应的两个二进位有一个为 1，结果位就为 1	a | b 输出结果
^	按位异或运算符：当两对应的二进制位相异时，结果为 1	a ^ b 输出结果
~	按位取反运算符：对数据的每一个二进制位取反，即把 1 变为 0，把 0 变为 1	a ~ b 输出结果
<<	左移动运算符：运算数的各二进制全部左移若干位，由 "<<" 右边的数指定移动的位数，高位丢弃，低位补 0	a << b 输出结果
>>	右移动运算符：运算数的各二进制全部右移若干位，由 ">>" 右边的数指定移动的位数，低位丢弃，高位补 0	a >> b 输出结果

关于位运算的示例代码如下。我们可以从打印结果直观地看到各个运算符的作用。

在示例中，a 为 56，b 为 13，即对应的二进制数分别如下：

a = 0011 1000；

b = 0000 1101。

```
>>> a = 56 ; b = 13
>>> print('a & b =',a & b) ;print('a | b =',a | b) ;print('a ^ b =',a ^ b) ;
a & b = 8
a | b = 61
a ^ b = 53
>>> print('~a =',~a) ;print('a << 2 =',a << 2) ;print('a >> 2 =',a >> 2) ;
~a = -57
a << 2 = 224
a >> 2 = 14
```

5. 逻辑运算符及表达式

逻辑运算符包含 and、or 和 not，具体用法如表 2-5 所示，示例中 a 为 9，b 为 11。

表 2-5　　　　　　　　　　Python 的常用逻辑运算符

位运算符	具体描述	示例
and	布尔"与"，即 x and y，如果 x 为 false，返回 false；否则返回 y 的计算值	a and b，输出结果为 11
or	布尔"或"，即 x or y，如果 x 为 true，返回 true；否则返回 x 的计算值	a or b，输出结果为 9
not	布尔"非"，即 not(x)，如果 x 为 true，则返回 false；如果 x 为 false，则返回 true	not(a and b)，返回 false

逻辑运算的示例代码如下。

```
>>> a = 9 ; b = 11
>>> print('a and b =',a and b); print('a or b =',a or b); print('not(a and b) =',not(a and b));
a and b = 11
a or b = 9
not(a and b) = False
```

 　　Python 支持的运算符有优先级之分，其优先级如表 2-6 所示。表中所列运算符按优先级从上到下逐渐降低的顺序排列。

表 2-6　　　　　　　　　　　　　Python 的运算符优先级

位运算符	具体描述
**	指数（最高优先级）
~　+　-	逻辑非、正数、负数运算符（注意：这里的+ 和-不是加减运算符）
*　/　%　//	乘、除、取模和取整运算
+　-	加和减
>>　<<	右移、左移运算
&	按位与运算符
^	按位或运算符
<=　<　>　>=	比较运算符
<>　==　!=	等于运算符
=　%=　/=　//=　-=　+=　*=　**=	赋值运算符
is　　is not	身份运算符
in　　not in	成员运算符
not　　or　　and	逻辑运算符

2.1.2　数据类型

Python 支持的数据类型包括简单数据类型、元组、列表、字典和集合等，其中简单数据类型主要为数值型。此处主要介绍简单数据类型，其他的数据类型将在后续章节中介绍。

在 Python 3 中，数值型数据类型主要包括 int、float、bool、complex 等，其中，int 表示长整型，去除了 Python 2 中的 long 型，具体类型如表 2-7 所示。

表 2-7　　　　　　　　　　Python 的常用数值型数据类型

数值型数据类型	具体描述	示例
int	整数	8、10、100
float	浮点数	1.0、2.1、1e-3
bool	布尔型	true、false
complex	复数	1+2j、1.23j、1.1+0j

在 Python 中，可以实现数值型数据类型的相互转换，使用的内置函数包括 int()、float()、bool()、complex()。int()转换函数的示例代码如下。

```
>>> int(1.32) ; int(0.13) ; int(-1.32) ; int()
```

```
1

0

-1

0

>>> int(True) ; int(False)

1

0

>>> int(1+2j)                              #不能将复数转化为 int 型数据

Traceback (most recent call last):

  File "<pyshell#34>", line 1, in <module>

    int(1+2j)

TypeError: can't convert complex to int
```

bool()函数的转换代码如下。

```
>>> bool(1) ; bool(0)

True

False

>>> bool(1+23.j) ;

True

>>> bool() ; bool("");

False

False
```

2.2 变量和字符串

2.2.1 语句

Python 程序由若干条语句构成，计算机通过执行这些语句完成整个程序的运行并得到结果。

在 Python 程序中，语句可以分为单行语句和多行语句。

单行语句示例代码如下。

```
>>> a=30                    #单行语句

>>> print(a)               #单行语句
```

多行语句可以分为一条语句多行和一行多条语句两种情况。

一条语句多行的情况一般是语句太长，一行写完一条语句显得很不美观，所以使用反斜杠（\）

实现一条长语句的换行。示例代码如下。

```
sum = mathScore +\            #长语句换行
    physicalScore +\
    englishScorea
```

一行多条语句，通常在短语句中应用比较广泛，使用分号（;）可以对多条短语句实现隔离，示例代码如下。

```
>>> mathScore=60 ; physicalScore=70 ; englishScorea=80      #一行多条语句，用分号隔开
```

在程序开发过程中，如果编程人员使用了一些生僻的方法，那么其他程序开发人员一般需要花费一定的时间才能弄明白，因此对语句进行注释就显得非常重要。在 Python 程序中，注释的方法有单行注释和多行注释两种，其中单行注释在前述代码中已经体现，多行注释示例如下。

```
>>> '''
该多行注释使用的是 3 个单引号
该多行注释使用的是 3 个单引号
该多行注释使用的是 3 个单引号

'''
>>> """
该多行注释使用的是 3 个双引号
该多行注释使用的是 3 个双引号
该多行注释使用的是 3 个双引号

"""
```

由上述代码可知，使用 3 个单引号或 3 个双引号将注释内容括起来，可达到对多行或者整段内容注释的效果。

2.2.2　变量

变量是内存中命名的存储位置，其值可以动态变化。为了区分 Python 语句中不同的变量，需要为每个变量进行命名，该名称即称为标识符。Python 的标识符命名规则如下：

- 标识符名字的第一个字符必须是字母或下划线；
- 标识符的第一个字符后面可以由字母、下划线或数字组成；
- 标识符识区分大小写，即 Num1 和 num1 是不同的。

Python 中的变量不需要声明，可以直接使用赋值运算符对其进行赋值运算，并根据所赋的值决定其数据类型，示例代码如下。

```
>>> a = "你好"              #定义一个字符串变量
>>> b = 2                  #定义一个整型变量
```

```
>>> c = True                          #定义布尔型变量
```

上述代码定义了一个字符串变量 a、数值变量 b 和布尔型变量 c，并为它们赋了相应的值。此过程的实质就是，在内存中为相应的值分配内存空间，然后利用变量名称指向值所在内存中的位置，如图 2-1 所示。

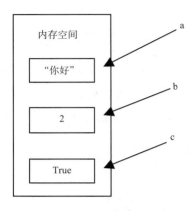

图 2-1　赋值语句示意图

同时，也可以将变量赋值给另外一个变量，代码如下。

```
>>> a = "你好"
>>> b = a
```

此代码将变量 a 的值赋给变量 b，变量 b 指向了变量 a 指向的内容，而内存空间并不会发生变化，如图 2-2 所示。

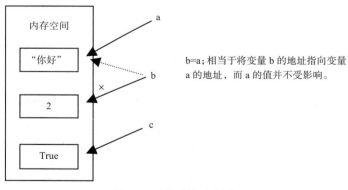

图 2-2　重新赋值示意图

在 Python 中定义变量时，不需要指定其数据类型，而是根据所赋的值来决定其数据类型。但也可以使用函数对变量进行类型转化，以便对它们进行相应的操作。

2.2.3　字符串

字符串是一个由字符组成的序列。字符串常量用单引号（'）或双引号（"）括起来。字符串常量示例如下。

```
'你好吗？'
"我很好！"
```

在 Python 中，若需要在字符串中使用特殊字符，则必须使用转义字符——反斜杠（\）。例如，在字符串中需要出现单引号（'）或双引号（"）时，不能使用如下方式。

```
'在该字符串中使用了单引号（'）'                    #错误
"在该字符串中使用了单引号（"）"                    #错误
```

因为 Python 分不清字符串中的单引号（'）和双引号（"）是否表示字符串的结束，此时就需要使用转义字符。示例代码如下。

```
'在该字符串中使用了单引号（\'）'          #在单引号（'）之前加转义字符"\"
"在该字符串中使用了单引号（\"）"          #在双引号（"）之前加转义字符"\"
```

Python 的常用转义字符如表 2-8 所示。

表 2-8　　　　　　　　　　　Python 的常用转义字符

转义字符	具体描述
\n	换行
\r	回车
\"	"
\\	\
\（在行尾时）	续行符
\a	响铃
\b	退格（Backspace）
\000	空
\v	纵向制表符
\t	横向制表符

当字符串需要使用多行表示时，则可以使用三引号（'''或"""）实现。示例代码如下。

```
>>> '''多行行字符串              #使用三单引号，也可使用三双引号
第一行
第二行
```

```
'''
'多行行字符串\n 第一行\n 第二行\n'
```

在使用单引号（'）或双引号（"）括起来的字符串中，也可以在行尾使用反斜杠续行。示例如下。

```
'多行行字符串\
第一行\
第二行'
'多行行字符串第一行第二行'          #注意与前一换行的结果区别之处
```

上述介绍的字符串处理方法均是对 ASCII 字符的处理。计算机使用一个字节存储一个 ASCII 字符，ASCII 主要用于显示现代英语和其他西欧语言。但是，ASCII 不能表示世界上所有的语言，例如，中文、日文、韩文等都无法使用 ASCII 表示。而 Unicode 是国际标准化组织制定的可以容纳世界上所有文字和符号的编码方案。因此，如果要处理中文字符串，则需要使用 Unicode，在字符串前面加上 u 或者 U 前缀即可，示例代码如下。

```
>>> u"这是一个 Unicode 字符串"
```

2.3 函数

函数（Function）由若干条语句组成，用于实现某一特定的功能。函数包括函数名、函数体、参数以及返回值。Python 不仅提供了丰富的系统函数（在前面已经介绍了一些常用的数据类型转换函数），还允许用户自定义函数。

2.3.1 函数调用表达式

对某一函数进行调用时，可以直接使用函数名来调用。无论是系统函数还是自定义函数，调用方法都是一致的。函数调用语法如下。

```
functionName(parm1)
```

其中，functionName 表示函数名称，parm1 表示参数名。示例代码如下。

```
>>> abs(-1)          #调用 abs 函数
1
```

2.3.2 Python 内置函数

在 Python 中，系统提供了多种内置函数，其中常用的内置函数主要包含数学运算函数、字符串处理函数以及其他函数。

与数学运算相关的内置函数如表 2-9 所示。

表 2-9　　　　　　　　　　Python 内置的数学运算函数

函数	原型	具体说明
abs()	abs(x)	返回 x 的绝对值
pow()	pow(x,y)	返回 x 的 y 次幂
round()	round(x[,n])	返回浮点数 x 的四舍五入的值，参数 n 指定保留的小数位数
divmod()	divmod(a,b)	返回 a 除以 b 的商和余数，返回一个元组。例如，divmod(5,4)返回(1,1)

上述数学运算函数的示例代码如下。

```
>>> print(abs(-3))
3
>>> print(pow(2,3))
8
>>> print(round(71.1425,2))
71.14
>>> print(divmod(5,3))
(1, 2)
```

Python 提供了丰富的字符串处理函数，如表 2-10 所示。

表 2-10　　　　　　　　　　Python 内置的字符串处理函数

类型	函数	原型	具体说明
字符串中字符大小写的变换	lower()	str.lower()	将字符串 str 中的所有字母转换为小写字母
	upper()	str.upper()	将字符串 str 中的所有字母转换为大写字母
	swapcase()	str.swapcase()	将字符串 str 中的所有字母大小写互换
	capitalize()	str.capitalize()	将字符串 str 中的首字母大写，其余字母小写
	title()	str.title()	将字符串 str 中的每个单词的首字母大写，其余为小写
字符串输出时的对齐方式	ljust()	str.ljust(width,[fillchar])	将 str 左对齐输出，字符串的总宽度为 width，不足的部分以 fillchar 指定的字符串填充，默认使用空格填充
	rjust()	str.rjust(width,[fillchar])	将 str 右对齐输出，字符串的总宽度为 width，不足的部分以 fillchar 指定的字符串填充，默认使用空格填充
	center()	str.center(width,[fillchar])	将 str 居中输出，字符串的总宽度为 width，不足的部分以 fillchar 指定的字符串填充，默认使用空格填充
	zfill()	str.zfill(width)	将字符串的宽度填充为 width，并且右对齐，不足的部分用 0 补足

类型	函数	原型	具体说明
搜索和替换	find()	str.find(substr[, start,[end]])	从 str 字符串的 start 至 end 的范围内检索是否存在 substr，如果存在，则返回出现子串 substr 的第一个字母的位置；如果 str 中没有 substr，则返回–1
	index()	str.index(substr[, start,[end]])	与 find()函数相同，只是在 str 中没有 substr 时，返回一个运行时的错误
	rfind()	str.rfind(substr[, start,[end]])	从 str 字符串右侧起的 start 至 end 的范围内检索是否存在 substr，如果存在则返回出现子串 substr 的第一个字母的位置；如果 str 中没有 substr，则返回–1
	rindex()	str.rindex(substr[, start,[end]])	与 rfind()函数相同，如果没有 substr 时，返回一个运行时错误
	count()	str.count(substr[, start,[end]])	计算 substr 在 str 中出现的次数,统计范围为 start ~ end
	replace()	Str.replace(oldstr,newstr[,count])	把 str 中的 oldstr 替换为 newstr，count 为替换次数
	strip()	str.strip([chars])	如果不指定参数，移除字符串 str 起始处的空白字符（包括'\n'、'\r'、'\t'和' '）。如果传入参数 chars，则移除字符串 str 起始处的相关字符，这些字符出现在 chars 中。
	lstrip()	str.lstrip([chars])	如果不指定参数，移除字符串 str 起始和末尾处的空白字符（包括'\n'、'\r'、'\t'和' '）。如果传入参数 chars，则移除字符串 str 起始和末尾处的相关字符,这些字符出现在 chars 中。
	rstrip()	str.rstrip([chars])	如果不指定参数,移除字符串 str 末尾处的空白字符（包括'\n'、'\r'、'\t'和' '）。如果传入参数 chars，则移除字符串 str 末尾处的相关字符，这些字符出现在 chars 中。
	expandtabs()	str.expandtabs([tabsize])	把字符串 str 中的 tab 字符串替换为空格，每个 tab 替换为 tabsize 个空格，默认为 8 个
分割和组合	split()	str.split([sep, [maxsplit])	以 sep 为分割符，把 str 分割成一个列表，其中 maxsplit 时表示分割的次数
	splitlines()	str.splitlines([keepends])	把 str 按照行分隔符分为一个列表，其中参数 keepends 为 bool 值，当取 true 值时，每行后面会保留行分隔符
	join()	str.join(seq)	把 seq 代表的字符串序列，用 str 连接起来

字符串大小写变换函数的示例代码如下。

```
>>> str = "I am a student"
>>> print(str.lower())
```

```
i am a student
>>> print(str.upper())
I AM A STUDENT
>>> print(str.swapcase())
i AM A STUDENT
>>> print(str.capitalize())
I am a student
>>> print(str.title())
I Am A Student
```

指定字符串输出方式时，处理函数的示例代码如下。

```
>>> str = "I am a student"
>>> print(str.ljust(20,"*"))
I am a student******
>>> print(str.rjust(20,"*"))
******I am a student
>>> print(str.center(20,"*"))
***I am a student***
>>> print(str.zfill(20))
000000I am a student
```

搜索和替换字符串处理函数示例代码如下。

```
>>> str = "I am a student"
>>> print(str.find("s"))
7
>>> print(str.index("u"))
9
>>> print(str.rfind("s"))
7
>>> print(str.rindex("u"))
9
>>> print(str.replace(" ","*"))
I*am*a*student
```

分割与组合字符串处理函数示例代码如下。

```
>>> str = "I am a student"
>>> list = str.split(" ")
>>> print(list)
['I', 'am', 'a', 'student']
>>> str1 = "*"
```

```
>>> print(str1.join(list))
I*am*a*student
```

除上述函数外，Python 还提供了 help()、type()等函数。

help()函数语法：

```
help(para)
```

示例代码如下。

```
>>> help('print')                        #显示 print 函数信息
Help on built-in function print in module builtins:
print(...)
   print(value, ..., sep=' ', end='\n', file=sys.stdout, flush=False)

   Prints the values to a stream, or to sys.stdout by default.
   Optional keyword arguments:
   file: a file-like object (stream); defaults to the current sys.stdout.
   sep:   string inserted between values, default a space.
   end:   string appended after the last value, default a newline.
   flush: whether to forcibly flush the stream.
```

type()函数语法：

```
type(obj)
```

示例代码如下。

```
>>> a=10
>>> type(a)
<class 'int'>
>>> b = 'hello'
>>> type(b)
<class 'str'>
```

2.3.3 模块

模块是 Python 中一个非常重要的概念，是最高级别的程序组织单元，它能够将程序代码和函数封装以便重用。在使用过程中，用户可以调用 Python 标准库中的模块，也可以下载和使用第三方模块。

如果需要导入模块中的函数，则需要先创建一个模块。模块往往对应了 Python 的脚本文件（.py），其中包含了所有该模块定义的函数和变量。例如，在创建模块 dinner 之前，需要先创建该模块包含的所有函数和变量，如 make_dinner()方法，该方法代码如下。

```
def make_dinner(d,*other):
    print('make a dinner with the:')
    for o in other:
        print('- ' + o);
```

将该代码保存为 dinner.py，则表示 dinner 模块创建完成。

在使用模块之前，首先需要使用 import 语句导入模块，语法如下。

```
>>> import 模块名
```

导入模块之后，就可以使用模块内的函数和变量，语法格式如下。

```
>>> 模块名.函数名(参数列表)
>>> 模块名.变量
```

调用上述 dinner 模块的 make_dinner 函数的示例代码如下。

```
import dinner                          #导入模块
dinner.make_dinner('rice','milk')      #调用模块中的 make_dinner 函数
```

运行结果如下。

```
make a dinner with:
- rice
- milk
```

在 Python 中，一次可以导入模块的一个函数，也可以一次导入多个函数。以 dinner.py 为例，只导入一个需要使用的函数示例代码如下。

```
from dinner import make_dinner
make_dinner('rice','milk')
```

运行结果如下所示。

```
make a dinner with:
- rice
- milk
```

当模块中的函数较多，并需要导入所有函数时，则可以使用星号（*）代表所有函数。示例代码如下。

```
from dinner import *
make_dinner('rice','milk')
```

运行结果与上述一致。

如果导入的函数名称与当前程序中现有的函数名称冲突，或者名称较长不方便输入时，则可以使用 as 语句在导入时为导入的函数指定一个别名。假设为 make_dinner()函数指定别名为 md，示例代码如下。

```
from dinner import make_dinner as md
```

```
md('rice','milk')
```

运行结果与上述一致。

在 Python 中，不仅可以为模块内的函数指定别名，还可以为模块指定别名，例如，为 dinner 模块指定别名 d，代码如下。

```
import dinner as d
d.make_dinner('rice','milk')
```

上述的 import 语句为 dinner 模块指定了别名 d，该模块中的所有函数名不变。

关于 Python 模块的导入，一般是只导入所需使用的函数，或者导入整个模块，并使用前缀的方式表示，这能够使代码的结构更清晰，也更容易阅读和理解。

2.3.4 自定义函数

与其他编程语言一样，Python 也提供了自定义函数的功能。使用关键字 def 可定义函数，其后紧跟函数名，括号内包含将要在函数体中使用的形式参数（简称形参），定义语句以冒号（:）结束。自定义函数的语法结构如下。

```
def 函数名 (参数列表):
    函数体
```

参数列表可以为空，即没有参数；也可以包含多个参数，参数之间使用逗号（,）隔开。函数体可以包含一条语句，也可以包含若干条语句。

创建一个函数 PrintHello()，该函数的功能是打印字符串 "Hello Python"，具体代码如下。

```
>>> def  PrintHello():
        print("Hello Python")
```

可以直接使用函数名来调用该自定义函数。无论是系统函数还是自定义函数，调用方法都是一致的。调用 PrintHello()函数的示例代码如下。

```
>>> PrintHello()                    #调用 PrintHello()函数
Hello Python                        #打印结果
```

上述 PrintHello()函数不含参数，而在实际使用过程中有很多地方是需要带参数的。例如，定义一个实现两个数相加的函数 sum()时，就需要包含两个参数 num1 和 num2，sum()函数的定义代码如下。

```
>>> def  sum(num1,num2):
        print(num1+num2)
```

调用 sum()函数的代码及结果如下。

```
>>> sum(1,2)
```

3

2.4　流程控制语句

程序代码的执行是有顺序的，有的程序会从上至下依次执行，有的程序代码则会选择不同的分支去执行，有的程序代码甚至会循环执行。Python 提供了专门的控制语句来控制程序的执行，这样的语句我们统一称为流程控制语句。3 种常见的流程为顺序、分支和循环。

2.4.1　顺序流程

顺序流程是程序设计中最简单的执行流程，即每一语句块依次执行，执行流程如图 2-3 所示。

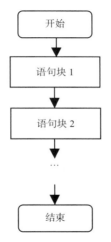

图 2-3　顺序程序的执行流程

顺序流程的示例代码如下。

```
>>> num1 = 1
>>> num2 = 2
>>> sum = num1+num2
>>> print(sum)
```

2.4.2　bool 类型和分支流程

bool 类型是一种常用的数据类型，取值包括 true 和 false，在其类型上的运算主要有 and、or 和 not，即：

● a and b

如果 a 和 b 都是 true，则运算结果为 true。

- a or b

如果 a 或 b 任意一个是 true，则运算结果为 true。

- not a

如果 a 是 false，则运算结果为 true。

如果 a 是 true，则运算结果为 false。

分支语句就是根据布尔表达式的值，决定执行哪一分支。Python 提供的分支语句包括 if 语句、else 语句和 elseif 语句。

if 语句是最常用的分支语句，其语法结构如下。

```
if 条件表达式:
    语句块
```

只有当条件表达式等 true 时，执行语句块，其执行流程如图 2-4 所示。

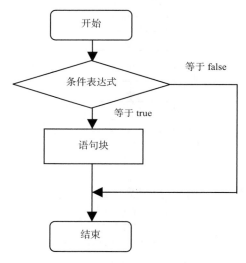

图 2-4　if 语句程序的执行流程

if 语句的示例代码如下。

```
if a > 5 :
    print("变量 a 大于 5")
```

if 语句也可以嵌套使用，即在<语句块>中还可以使用 if 语句，示例代码如下。

```
if a>5 :
    print("变量 a 大于 5")
    if a > 10:
        print("变量 a 大于 10")
```

在分支流程中，可以将 else 语句和 if 语句结合使用，指定不满足条件时所执行的语句。其基本语法结构如下。

```
if 条件表达式:
    语句块 1
else:
    语句块 2
```

当条件表达式为真时，执行语句块 1；当条件表达式为假时，执行语句块 2。程序的执行流程如图 2-5 所示。

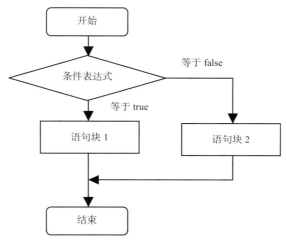

图 2-5　if…else…语句程序的执行流程

if…else…语句的示例代码如下。

```
if  a > 5:
    print("变量 a>5")
else:
    print("变量 a<5")
```

当出现多分支情况时，则可以使用 elif 语句实现，其语法结构如下。

```
if 条件表达式 1:
    语句块 1
elif  条件表达式 2:
    语句块 2
elif  条件表达式 3:
    语句块 3
…
else
    语句块 n
```

在一个 if 语句中，可以包含多个 elif 语句。if…elif…else…语句的执行流程如图 2-6 所示。

求 x、y、z 中最小数的示例代码如下。

```
if  x < y  and  x < z:
    print("x 最小")
elif  y < z:
    print("y 最小")
else
    print("z 最小")
```

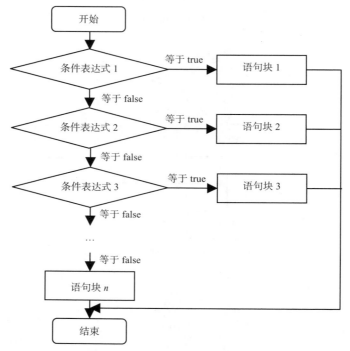

图 2-6　if…elif…else…语句程序的执行流程

2.4.3　循环流程

循环流程可以使程序在满足一定条件时重复循环执行一段代码。Python 的循环语句包括 while 语句和 for 语句。此外，还有可以与 while 语句和 for 语句配合使用的 continue 语句与 break 语句。

1. while 语句

while 语句的基本语法如下。

```
while 条件表达式
    循环体
```

当条件表达式为 true 时，程序循环执行循环体中的代码块。while 语句的执行流程如图 2-7 所示。

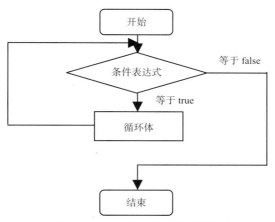

图 2-7　while 语句程序的执行流程

利用 while 循环语句可以很容易计算 1～20 的整数累加和，其代码如下。

```
i = 1
sum = 0
while i<=20:
    sum = sum + i
    i = i + 1
```

每次执行循环体时，变量 i 的值增加 1，当 i 的值超过 20 时，循环自动退出。

2. for 语句

当循环次数固定时，可以使用 for 语句实现。for 语句的基本语法结构如下。

```
for i in range(start,end):
    循环体
```

在程序执行时，循环计数器变量 i 被设置为 start，然后执行循环体。每执行 1 次循环体，i 的值增加 1。当 i 的值累加至 end+1 时，退出循环。

也可以利用 for 语句实现 1～20 的整数累加和，其示例代码如下。

```
i = 1
sum = 0
for i in range(1,20):
    sum = sum + i
```

上述循环计数器 i 的初值被设置为 1，每次循环，变量 i 增加 1。当 i 等于 21 时退出循环。

for 语句主要用于遍历元祖、列表、字典和集合等序列对象，具体使用方法在后续章节介绍。

3. continue 语句

在循环流程中，当需要跳过某一次循环而直接进入下一次循环时，可以使用 continue 语句实现。如需要计算 1～20 中所有偶数的累加和，则当循环计数器为奇数时，就退出当前循环直接进入下一次循环。该功能示例代码如下。

```
i = 1
sum = 0
for i in range(1,20):
    if i % 2 == 1:
        continue
    sum = sum + i
```

当循环计数器的值为奇数时，则执行 continue 语句跳过当前循环，开始执行下一次循环。

4. break 语句

当在循环体中需要根据某一条件终止循环时，则可以使用 break 语句实现。如需要计算 1～ n 的连续整数累加时，当累加和小于等于 300 时，n 的最大值是多少。实现该功能的代码如下。

```
i = 1
sum = 0
while true
    sum = sum + i
    if sum > 300:
        break
print(i-1)
```

当 while 语句的条件为 true 时，程序将会一直循环下去。在循环体中，如果 sum 的值超过 300 则退出循环，此时 i-1 的值即为需要求的 n 值。

2.5 类和对象

面向对象编程是 Python 采用的基本编程思想。它可以将属性和代码封装在一起，统一定义为类，从而使得程序设计更加简单、规范和有序。

2.5.1 使用已有的类

当我们使用 class 关键字定义一个 Person 类时，事实上并没有创建一个 Person，只有当其实例化之后，才会拥有一个 Person。假设现在有一个已经写好的 Person 类，代码如下。

```
class Person:
    def SayHello(self):
        print("Hello!")
```

对象是类的实例，如果人类是一个类的话，那么某个具体的人就是一个对象。因此，只有定义了具体的对象，才能使用类。创建对象的代码如下。

```
对象名 = 类名()
```

创建一个 Person 类的 p 对象并调用 SayHello 方法的代码如下。

```
p = Person()
p.SayHello()
```

运行结果如下。

```
Hello!
```

2.5.2　定义新的类

在 Python 中可以使用 class 关键字来定义一个新类，其基本语法如下。

```
class 类名:
    成员变量
    成员函数
```

例如，可以定义一个 Coordinate 类，用于计算两个坐标点之间的距离，示例代码如下。

```
class Coordinate():
    def __init__(self,x,y):
        self.x=x
        self.y=y
    def distance(self,other):
        x_diff_sq = (self.x-other.x)**2
        y_diff_sq = (self.y-other.y)**2
        return (x_diff_sq + y_diff_sq)**0.5
```

其中：

class 是关键字；

Coordinate 为类名；

__init__是方法名，前后带两个下划线是 Python 预定义的特殊方法，该特殊方法在创建类时自动调用；

self 参数由 Python 自动传入，绑定到对象自身。

除了 self 以外，类的方法与普通函数是类似的。

当类创建完之后，可通过类名来调用，Coordinate 类的调用代码如下。

```
c = Coordinate(3,4)              #创建一个对象 c
origin=Coordinate(0,0)           #创建一个对象 origin
print(c.distance(origin))
```

运行结果如下所示。

```
5.0
```

案例 1 投掷骰子

【案例名称】投掷骰子

注意：在阅读案例和实践过程中，请参考本书提供的源代码。本书的源代码都包含在本书的网络资源中，请读者访问人邮教育社区（www.ryjiaoyu.com）搜索本书，然后下载。

【案例目的】

1. 理解项目的概念，掌握在 IDE 中创建项目的方法；
2. 理解随机数的概念；
3. 掌握 while 语句的基本使用方法；
4. 掌握 if 语句的基本使用方法；
5. 掌握函数调用的基本方法。

【案例思路】

投掷骰子案例程序，可交互式地询问用户的意见，根据用户的选择来投掷骰子，并告诉用户投掷结果的点数。

【案例环境】

操作系统：Linux。

开发环境：PyCharm。

【案例步骤】

➢　步骤一　在 IDE 中创建项目

在 PyCharm 中创建名为 dice 的项目，创建 sugon.edu 包，并将 dice.py 复制到对应位置，见下图。

> ➤ **步骤二　创建 README.md 文件**

README.md 是接触该项目的程序设计人员应该看的第一个文件，用于给刚接触项目的程序设计人员一个基本的引导，每个项目都必须含有这个文件。

README.md 文件采用 Markdown 格式编写。Markdown 格式是一种简单的文本格式，读者可自行查阅相关资料。

文件内容主要是项目概况、项目安装与配置使用说明、项目其他文档的位置和说明等。

因为本项目内容比较简单，用一两句话来说明即可。

> ➤ **步骤三　在已有的代码骨架上，补充项目代码**

代码骨架见 dice.py 文件。请在代码中标记为'*** 处补充你的代码。

注意，共有 4 个部分的代码需要补充。

> ➤ **步骤四　在 IDE 中运行项目**

在 dice.py 上单击鼠标右键，再单击菜单项中的运行命令，如下图所示。

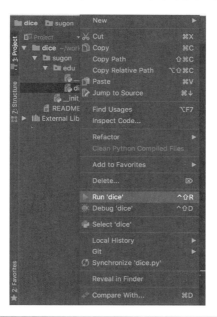

> ➤ 步骤五　在命令行中运行项目

执行如下代码运行项目。

```
cd <项目根目录>

python3 sugon/edu/dice.py
```

第**3**章
循环程序设计

在第 2 章中，我们已经简要地了解了 Python 中的循环语句，本章我们将更加深入地学习循环程序设计。本章会更加详细地介绍 Python 循环语句，引入帮助循环设计的常用内置函数，讲述程序设计中如何设计循环控制结构，并讨论猜测和检验的循环算法设计思路和循环不变式的概念，最后还将介绍典型的循环程序设计实例——累积、递推等。本章主要内容如下。

（1）Python 循环语句。

（2）循环中常用的内置函数。

（3）循环的设计流程。

（4）典型的循环控制。

3.1　Python 中的循环

3.1.1　while 循环

while 循环语句作为 Python 中最通用的循环结构，它能够适用于任何需要循环的场景。当表达式条件为真时，重复执行循环体；当表达式条件为假时，执行 while 循环体后面的语句。

while 循环的执行流程如图 3-1 所示。

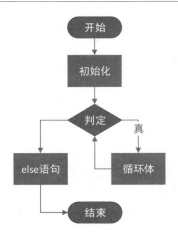

图 3-1　while 循环的执行流程图

while 循环语句的基本格式如下。

while 条件表达式:

```
    语句                    # 循环体
else:                       # 可选
    语句
```

使用 while 循环打印字符串中字符的代码如下:

```
>>> sample = "python"
>>> index = 0
>>> while index < len(sample):
...     print(sample[index], end = " ")
...     index += 1
...
p y t h o n
```

上述代码使用下标法访问 sample 中的各个字符,为了使字符都在一行中显示,使用了 end=" "
关键字参数。

使用 while 循环计算 1~10 的整数累加和,代码如下。

```
>>> i = 1
>>> sum = 0              # 初始化
>>> while i < 11:        # 判断语句
...     sum += i         # 循环体
...     i += 1
...
>>> print(sum)          # 输出结果
55
```

在上述代码中，首先初始化变量，i 用来表示加数，sum 表示和。因为是求 1～10 的整数累加和，所以 i 刚开始初始化为 1，i 的最大值为 10，也就是小于 11，然后在循环体中使用 sum 累加，求得 1～10 的整数累加和，最后输出结果。

3.1.2   for 循环

for 循环用于遍历可迭代对象，当可迭代对象还有元素时，就重复执行循环体。可迭代对象包含序列对象（字符串、列表、元祖）、支持迭代协议的对象。

for 循环首行定义目标变量，以及待遍历的对象，然后是缩进相同的循环体语句，最后是可选的 else 语句（离开循环体时没有执行 break 语句，就会执行 else 语句）。for 循环的格式如下：

```
for   目标变量 in   可迭代对象:
    语句
else:
    语句
```

当 Python 运行 for 循环时，会把可迭代对象中的元素逐一赋值给目标变量，然后在循环体中使用目标变量，对目标变量进行一系列处理（见图 3-2）。

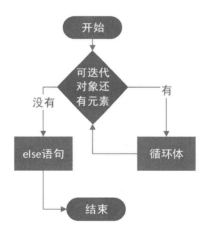

图 3-2   for 循环的执行流程图

使用 for 循环打印字符串中字符的代码如下：

```
>>> for char in "python":
...   print(char, end = " ")
...
p y t h o n
```

与 while 循环的打印字符串代码相比，for 循环的代码要简洁很多，比 while 循环少了下标索引的初始化，在循环体中少了下标索引的更改。由此我们可以看出，for 循环在可迭代对象的循环操作上比 while 循环编程效率更高，且更不容易出错。而且通过实际测试表明，使用 for 循环迭代可迭代对象比 while 循环执行效率更高，所以在迭代可迭代对象的时候尽量使用 for 循环。当然也有不适合 for 循环的地方，如让用户输入一个答案，在答案为 no 的时候，跳出循环，这种明显不是属于可迭代对象的情况，使用 while 循环会比 for 循环更加合适。

使用 for 循环求 1～10 的整数累加和，代码如下。

```
>>> sum = 0
>>> for i in [1, 2, 3, 4, 5, 6, 7, 8, 9, 10]:
...    sum += i
...
>>> print(sum)
55
>>>
```

上述代码执行的结果与 while 循环代码的一致，但是比之前的代码看起来更加简洁。但是有人会问，如果要求 1～10000 的整数累加和，难道我们要在可迭代对象那里手动输入 10000 个数字吗？答案并非如此。下面我们再把上面的代码优化一下。

```
>>> sum = 0
>>> for i in range(1, 11):
...    sum += i
...
>>> print(sum)
55
```

在优化版中，我们使用了一个内置函数 range()，它会产生一个可迭代对象，注意并不是一个列表，这个可迭代对象就会生成 1～10 范围内的整数。

下面的示例为使列表中的数字都加 1，代码如下。

```
>>> num_list = [0, 1, 2, 3, 4, 5, 6, 7, 8, 9]
>>> for index, value in enumerate(num_list):
...    num_list[index] = value + 1
...
>>> num_list
[1, 2, 3, 4, 5, 6, 7, 8, 9, 10]
>>>
```

上述代码用到了 Python 语言内置的 enumerate 类，它能够根据一个可迭代对象生成一个新的可迭代对象。遍历新生成的可迭代对象，能够同时获得原有可迭代对象的元素值和索引值。上面的代码基于 num_list 构造了 enumerate 对象，并且使用 for 循环遍历 enumerate 对象，就可以在循环体中同时获得 num_list 的元素值及对应的索引。

下面的代码进一步演示了 enumerate 的用法，并且使用另外一种方式实现了将列表中的每一个元素值加 1 的功能。

```
>>> seasons = ['Spring', 'Summer', 'Fall', 'Winter']
>>> list(enumerate(seasons))
[(0, 'Spring'), (1, 'Summer'), (2, 'Fall'), (3, 'Winter')]
>>> list(enumerate(seasons, start=1))
[(1, 'Spring'), (2, 'Summer'), (3, 'Fall'), (4, 'Winter')]
>>> num_list = [0, 1, 2, 1, 4, 5, 6, 7, 8, 9]
>>> num_list = list(map(lambda i: i + 1, num_list))
>>> num_list
[1, 2, 3, 2, 5, 6, 7, 8, 9, 10]
>>>
```

这段代码是对列表中数字加 1 的一种改写，还用到了匿名函数 lambda，暂时需要知道的是 lambda 后面的 i 是函数的参数，这个匿名函数会返回 i+1。map 函数有两个参数：第一个是可调用对象，后面的参数是可迭代对象。map 函数会把可迭代对象中的元素逐一作为参数，调用可调用对象。

3.1.3　continue 和 break

1. continue

continue 语句的作用是结束本次循环，continue 后的语句不会被执行，继续进行下一次循环条件判断。continue 语句仅在 while 和 for 循环中使用，具体位置是在循环结构的循环体中。以 while 循环为例，continue 使用形式如下（见图 3-3）。

```
while  条件表达式 1：
    语句 1
    if 条件表达式 2：
        continue;
    语句 2
```

下面通过使用 continue 语句求 1～10 内偶数的累加和，并输出和值。代码如下。

```
>>> sum = 0
>>> for i in range(1, 11):
...    if i % 2 != 0:
...        continue
...    sum += i
```

```
...
>>> print(sum)
30
```

代码执行后输出结果为 30。

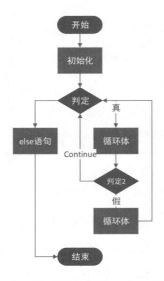

图 3-3　在 while 循环中使用 continue 语句的流程

2. break

break 语句的作用是终止整个循环结构的执行。break 语句在 while 和 for 循环中使用，具体位置是在循环结构的循环体中。以 while 循环为例，break 语句的使用形式如下（见图 3-4）。

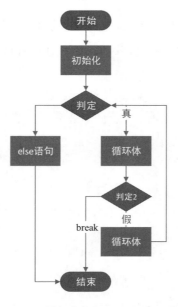

图 3-4　while 循环中使用 break 语句的执行流程

```
while  条件表达式 1:
    语句 1
    if 条件表达式 2:
      break;
    语句 2
```

下面的示例为查找字符是否在字符串中。代码如下。

```
>>> char = "o"
>>> char = "python"
>>> char = "o"
>>> str = "python"
>>> for tmp_char in str:
...   if char == tmp_char:
...      print("found")
...      break
... else:
...   print("not found")
...
found
```

当找到与 char 相同的字符时,打印结果并跳出循环,如果直到字符串遍历完成仍没执行 break,则说明没有找到这个字符,打印输出 "not found"。

3.2　如何设计循环

3.2.1　循环控制结构

循环控制结构是在一定条件下,反复执行某段程序的流程结构。被反复执行的代码即为循环体。循环控制结构是程序中非常重要和最基本的一种结构,它是由循环语句来实现的。

一个循环控制结构一般包括以下 4 个部分的内容。

(1)初始化部分:用来设置循环的一些初始条件,如为循环控制计数的变量设置初始值,变量初始化等。

(2)循环体部分:这是循环结构程序的核心部分,是反复被执行的代码,所以被称为循环体。该部分可以是一条语句,也可以是多条语句组成的复合语句。

（3）循环控制部分：在重复执行循环体的过程中，不断地修改循环控制变量，直到符合结束条件，结束循环程序的执行。循环结束控制方法分为循环计数控制法和循环条件控制法，图 3-2 所示循环使用的是循环计数控制法，图 3-3 与图 3-4 所示循环使用的是循环条件控制法。

（4）终止部分：通常是布尔表达式，每一次循环要对该表达式求值，以验证是否满足循环终止条件。

上面介绍的四部分有时能较明显地区分，有时则相互包含，不一定能明确区分。

3.2.2　一种循环算法设计思路：猜测和检验

算法是解决问题的流程和步骤。许多问题的解决算法中都需要用到循环。那么，如何设计循环呢？有没有较为通用的思路？这里介绍一种常见的设计循环算法的思路，我们称之为猜测和检验，对应的英文是 Guess And Check。

猜测和检验是一种逐步逼近的思路。假设要解决的问题有一个最终的解，我们的目的是设计一个循环算法求得这个解。首先，以简单可行的方式设定一个起初的对最终解的猜测值。接下来进入循环流程，循环的终止条件是获得了最终的解或者已经确认无法获得最终的解。判断循环是否终止的过程就是这种思路中检验的环节。每一次循环，基于上一次的猜测值，朝着最终解的方向逼近一步。这样，从最初的猜测值开始，一次次循环向着最终的方向一步步逼近，当检验出已经得到最终的结果，算法流程结束。使用流程图可以将猜测和检验的思路表达成如图 3-5 所示的形式。

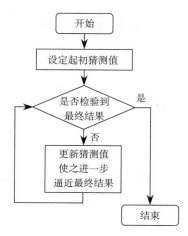

图 3-5　猜测和检验的思路

接下来，通过一个具体的例子来理解这种猜测和检验的思路。

这个例子是寻找正整数 x 的正整数立方根。在计算过程中，只能够使用加法和乘法操作。根据猜测和检验的思路，首先需要设定一个初始猜测值。根据题目的要求，问题的解的最小可能值是 1，那么，就以 1 作为最初的尝试。

然后进入循环过程，这个过程要解决两个问题，一个是如何基于上一次的猜测值计算出下一次的猜测值，另一个是如何检验是否得到了最终结果。这里使用名为 i 的变量来表示猜测值。第一个问题很简单，因为初始猜测值设定为可能的最小值 1，所以 i+1 就可以进一步逼近最终解。关于第二个问题，如果 i 正好是 x 的正整数立方根，那么，i*i*i 的值应该等于 x。此外，x 的立方根未必是正整数，如果 i*i*i 的值大于 x，则说明 x 没有正整数立方根。因此，可以使用 i*i*i 的值是否小于 x 作为检验条件。

根据前面的分析，定义计算正整数 x 的正整数立方根的函数 cube_root 如下。

```python
def cube_root(x):
    i = 1
    while i * i * i < x:
        i = i + 1
    if i * i * i == x:
        return i
    else:
        return None
```

当 x 的正整数立方根存在时，cube_root() 函数返回这个立方根；否则，返回 None，表示不存在这样的立方根。

3.2.3　循环不变式

循环不变式，实际上是我们为确保某些事情对于循环中每次迭代操作都成立而设置的一些前提条件。之所以叫作循环不变式，是因为它在相关操作中自始至终都是在数学上成立的，并阐述了通过循环（迭代、递归）去计算一个累计的目标值的正确性。循环变式属于基础数学的范畴，其在计算机领域的应用也十分广泛。

循环不变式的主体是不变式，也就是一种描述规则的表达式。其过程分 3 个部分：初始、保持和终止。关于循环不变式，其必须满足以下 3 个条件。

（1）初始化：循环的第一次迭代之前，它为真。

（2）保持：如果循环在某次迭代之前它为真，那么下次迭代之前它仍为真。

（3）终止：在循环终止时，不变式提供了一个有用的性质，该性质有助于证明算法是正确的。

在这 3 个部分中，前两个是条件，最后一个是结论。

3.3　典型的循环控制

下面介绍使用 Python 实现一些典型循环程序的方法。

3.3.1　重复处理一批数据

1. 冒泡排序

对数据的处理操作主要有排序、查找、插入和删除等，其中，排序操作又是最常见的操作。本小节将介绍经典的冒泡排序算法。使用冒泡法对数据进行排序，在排序中会使用嵌套循环、条件语句。冒泡法是一个典型的重复处理一批数据的实用算法。下面举例进行介绍。

使用冒泡法对{1,8,2,6,3,9,4,12,0,56,45}进行排序。具体实现的代码如下。

```
###冒泡排序
>>> mppx = [1,8,2,6,3,9,4,12,0,56,45]
>>> for i in range(len(mppx)):
...    for j in range(i+1, len(mppx)):
...      if mppx[i] < mppx[j]:
...        mppx[i], mppx[j] = mppx[j], mppx[i]
...
>>> print(mppx)
[56, 45, 12, 9, 8, 6, 4, 3, 2, 1, 0]
```

说明：遍历列表，用最前面未排序的数值与后续数值一一比较，如果后续数值比最前面的数值大，则交换两个值的位置。当遍历完一次后，就能使得最前位置为最大值，以此类推，遍历列表长度次后，就能对整个列表进行排序了。

2. 选择排序

经典的排序算法除了冒泡排序，还有选择排序。使用选择排序法对上述数据进行排序，代码如下。

```
###选择排序
>>>xzpx = [1,8,2,6,3,9,4,12,0,56,45]
>>>for i in range(len(xzpx)):
… max_index = 0
… for j in range(len(xzpx)-i):
…   if xzpx[max_index] < xzpx[j]:
```

```
...        max_index = j
...    xzpx[max_index], xzpx[len(xzpx)-i-1] = xzpx[len(xzpx)-i-1], xzpx[max_index] #互换
变量的位置
>>>print(xzpx)
```

上述代码执行后，输出结果为[0, 1, 2, 3, 4, 6, 8, 9, 12, 45, 56]。

3.3.2　累积

一个正整数的阶乘（factorial）是所有不大于该数的正整数的积。自然数 *n* 的阶乘写作 *n*!。用 Python 实现 *n*!的示例代码如下。

```
>>>num = int(input("请输入一个数字: "))
>>>if num < 0:
...    print("抱歉，负数没有阶乘")
... elif num == 0:
...    print("0 的阶乘为 1")
... else:
...    factorial = 1
...    for i in range(1,num + 1):
...      factorial = factorial*i
... print("%d 的阶乘为 %d" %(num,factorial))
```

3.3.3　递推

递推算法是一种用若干步可重复运算来描述复杂问题的算法。递推是序列计算中的一种常用算法，通常是通过计算前面的一些项来得出序列中的指定项的值。典型的递推案例有斐波那契数列。斐波那契数列指的是这样一个数列{0, 1, 1, 2, 3, 5, 8, 13,⋯}，特别指出：第零项是 0，第一项是 1，从第三项开始，每一项都等于前两项之和。

用 Python 实现斐波那契数列的示例代码如下。

```
>>> num = int(input("请输入一个数字: "))
请输入一个数字: 10
>>> last_one = 0
>>> last_two = 1
>>> result = 0
>>> for index in range(2, index+1):
...   result = last_one + last_two
...   last_one, last_two = last_two, result
```

```
...
>>> print(result)
34

>>>
```

案例 2　猜数字

【案例名称】猜数字

注意：在阅读案例和实践过程中，请参考本书提供的源代码。

【案例目的】

1．理解随机数的概念；

2．掌握 while 循环的基本使用方法；

3．掌握 if 语句的基本使用方法；

4．掌握函数调用的基本方法；

5．掌握基本的输入和输出函数的使用方法。

【案例思路】

1．随机产生一个 1～100 范围内的数字；

2．让用户猜这个数字，并读取用户的输入；

3．当用户没有猜对的时候：提示用户的输入太大或太小；

4．再次读取用户的输入，当用户猜对的时候，输出用户猜测的次数。

【案例环境】

操作系统：Linux。

开发环境：PyCharm。

【案例步骤】

> **步骤一　在 IDE 中创建项目**

在 PyCharm 中创建名为 guess 的项目，创建 sugon.edu 包，并将 guess.py 复制到对应位置（见下图）。

> **步骤二　创建 README.md 文件**

同本书第 2 章的案例 1。

> **步骤三　在已有的代码骨架上，补充项目代码**

代码骨架见 guess.py 文件。请在代码中标记为'*** 处补充你的代码。

注意，文件中共有 4 个部分的代码需要补充。

> **步骤四　在 IDE 中运行项目**

在 guess.py 上单击鼠标右键，再单击菜单项中的运行命令，如下图所示。

> ➤ 步骤五　在命令行中运行项目

执行如下代码运行项目。

```
cd <项目根目录>

    python3 sugon/edu/guess.py
```

第4章
函数和递归

    函数是组织好的，可重复使用的，用来实现单一或关联功能的代码段。简而言之，函数就是将语句集合在一起的工具，当调用这个函数时，系统就能把这些语句全部执行一遍。函数有以下两个优点。

（1）代码重用

    函数把一些语句"打包"，然后供其他用户使用，这样就可以避免每个用户都为了相同功能，编写重复的代码。

（2）流程分解

    我们可以使用函数把一个大的系统分解为多个小的系统，把大功能分解为多个小功能，这就使得每个小系统、小功能更清晰，也更容易实现。

    本章将要学习的函数的相关内容包括以下6个方面。

（1）函数的定义。

（2）函数的调用。

（3）函数的参数。

（4）作用域。

（5）递归函数。

（6）匿名函数。

4.1　函数作为抽象的手段

在第 2 章中，我们已初步了解了函数的相关内容，也认识了一些内置函数 abs()、pow()等。对内置函数，我们只需要知道它们实现了什么功能，无须知道具体如何实现。在本章中，我们要学会如何定义函数，以及如何调用函数。

4.1.1　定义函数

Python 中保留了一个关键字 def，用来定义函数。def 是可执行语句。我们知道当语句没有执行时，是不起作用的。若没有执行 def 语句，则这个函数不存在。def 语句的作用是创建一个对象，这个对象就是函数体（即被"打包"的语句），然后把这个对象赋值给一个变量（即函数名），函数名的实质是变量，那么，我们还可以把这个变量再赋值给另一个变量，就相当于重命名函数。return 交出控制权，返回给调用者，这个函数就停止执行。return 语句可以在函数体的任何位置。函数体也可以没有 return 语句，相当于函数返回 None。

函数的定义格式为：

```
def 函数名(参数 1，参数 2，…，参数 n)：
    函数体
```

当执行 def 语句时，系统会在内存中创建一个变量，引用函数对象（见图 4-1）。

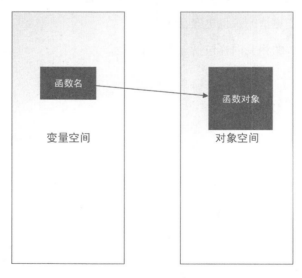

图 4-1　函数创建示意图

定义一个 max() 函数，实现返回这两个参数中值较大的参数，代码如下。

```
>>>def max( a , b ) :
…　if ( a > b ):
…　　return a
…　else:
…　　return b
```

当执行 def 语句时，Python 会创建一个函数对象，并使用变量 max 引用这个函数对象，注意，此时并不会执行函数体，只会创建函数对象，并用函数名关联这个函数对象。

4.1.2　调用函数

前面已经介绍过，在执行 def 时并不会执行函数体，那什么时候才会执行函数体呢？这就是本小节将要介绍的内容，函数调用。函数被调用时就会执行函数名关联的函数体。函数调用方式为：

```
函数名(参数1, 参数2, …, 参数 n)
```

我们可以看到，函数的调用与函数定义很相似，不同之处在于函数调用时没有使用 def 关键字，也没有函数体。

使用前面定义的 max() 函数，求两个数字的较大值，代码如下。

```
>>>#调用函数，将 3 和 5 中的较大值赋值给 c
>>>c = max(3, 5)
>>>print(c)
5
```

执行后输出结果是 5，这与我们预期的一致。

Python 中同样有很多已经定义好的内置函数，我们可以直接调用。例如，求绝对值函数 abs()，输出函数 print() 等。

调用函数 abs() 求绝对值，代码如下。

```
>>> abs(-90)
90
>>> abs(50)
50
```

调用 len 函数，代码如下。

```
>>> len( ('a', 'b', 'c') )   #len 函数获取元素个数
3
```

4.1.3　函数的参数

函数参数分两种，一种是函数定义时的参数，我们称之为形参；另一种是函数调用时的参数，我们称之为实参。

根据形参个数是否确定，可将形参划分为固定形参和可变形参两种。固定形参就是形参的个数是固定的，函数中定义了多少个，就只能接受多少个实参；可变形参就是形参的个数是不确定的，在函数定义中通常会出现如*param，或者**param 这种形式的形参。

```
>>> def fixed_param_func(arg1, arg2, arg3):
...    print(arg1, arg2, arg3)
...
```

上面的代码形式就是固定形参。在函数调用时，实参的个数必须小于等于形参的个数。相等这种情况很好理解，至于为什么可以小于形参个数，详见后面的解释。

（1）实参和形参相同时，可正常调用，代码如下。

```
>>> fixed_param_func(1, 2, 3)
1 2 3
>>>
```

（2）当实参个数大于形参时，调用固定形参的函数，系统就会报错，代码如下。

```
>>> fixed_param_func(1, 2, 3, 4)
Traceback (most recent call last):
  File "<stdin>", line 1, in <module>
TypeError: fixed_param_func() takes 3 positional arguments but 4 were given
>>>
```

（3）如下形式的函数定义中的形参就是可变形参。在函数调用时，实参数量可以小于、等于或者大于形参的数量。*arg2 形式的参数把多出来的位置参数集合成一个元祖，**arg3 形式的参数把多出来的关键字参数集合成为一个字典。

```
>>> def var_param_func(arg1, *arg2, **arg3):
...    print(arg1, *arg2, **arg3)
...
>>> var_param_func(1)
1 () {}
>>> var_param_func(1, 2, a=2)
1 (2,) {'a': 2}
>>>
```

区分形参是固定的还是可变的，最简单的办法就是观察有没有出现*param 或者**param 这种形式的形参，如果出现就是可变形参，否则就是固定形参。

形参还可以根据其有无默认值划分为一般参数和默认值参数。示例代码如下。

```
>>> def no_default_val_func(arg1, arg2):
...   print(arg1, arg2)
...
```

上述函数中 arg1 和 arg2 都是没有默认值的，在调用时，没有默认值的参数必须赋值，否则系统会报错。

```
>>> no_default_val_func(1, 2)
1 2
>>> no_default_val_func(1)
Traceback (most recent call last):
  File "<stdin>", line 1, in <module>
TypeError: no_default_val_func() missing 1 required positional argument: 'arg2'
>>> def have_default_val_func(arg1, arg2=2):
...   print(arg1, arg2)
...
>>> have_default_val_func(1, 3)
1 3
>>>
>>> have_default_val_func(1)
1 2
>>>
```

在上面代码的参数定义中，由于 arg1 没有默认值，为一般参数；arg2 有默认值，为默认值参数。当调用函数时，如果没有给默认值参数传递值，则就用默认值；如果传递了，就用传递的值。

注意

函数形参必须按如下形式的顺序进行定义，违反这个规则系统将会报错：任何一般参数（name），紧跟默认值参数（name=value），后面是*name 形式参数，再后面跟**name 形式参数（如果有的话）。

实参分为位置参数、关键字参数、*arg 形式参数、**arg 形式参数，分别说明如下。

（1）位置参数就是简单形式的值或者表达式形式的参数。

```
>>> have_default_val_func(1, 3)
1 3
```

上面函数调用的 1 和 3 都是实参，而且属于位置参数。

（2）关键字参数是 name=value 这种形式的参数，关键字参数是给特定形参赋值，所以名字必须和实参名字相同。

```
>>> have_default_val_func(arg1=10)
10 2
```

arg1=10 就是关键字参数

```
>>> args = (3, 4)
>>> have_default_val_func(*args)
3 4
```

（3）*arg 形式的参数，用于解包元祖，读者可以参考赋值一节相关的知识。

```
>>> args = {'arg1': 4, 'arg2': 5}
>>> have_default_val_func(**args)
4 5
>>>
```

（4）**arg 形式参数，用于解包字典。

```
>>> have_default_val_func(1, 3)
1 3
```

上面的函数调用，就如同先令 arg1=1，arg2=3，然后再去执行函数体。

 函数的实参必须按如下形式的顺序进行排列，违反这个规则系统将会报错：位置参数（name），紧跟关键字参数（name=value），后面是*name 形式参数，再后面跟**name 形式参数（如果有的话）。函数调用时相当于把实参赋值给形参。

形参和实参按照如下顺序进行匹配。

（1）通过位置分配非关键字参数，从左到右把位置参数赋值给形参。

（2）通过匹配形参参数名分配关键字参数。

（3）其他额外的位置参数分配到*name 元祖中。

（4）其他额外的关键字参数分配到**name 字典中。

（5）用默认值分配给形参中没有得到分配的参数。

在应用这些规则后，Python 会检查每个参数是否只传递了一个值，否则系统就会报错。

4.2　函数和环境

在 Python 语言中，变量的可见范围称为该变量的作用域。简而言之，变量的作用域就是这个变量的使用范围。变量在第一次赋值时被创建出来，首次赋值语句所在的位置决定了该变量的作用域。变量一般有 4 种作用域：本地作用域、非本地作用域、全局作用域和内置作用域，相应地就产生了本地变量、非本地变量、全局变量和内置变量。示例如下。

```
>>> a = 1                    # a 是全局变量
>>> def outer_func(arg1):    # outer_func 是全局变量，arg1 是本地变量
...    b = 2                 # b 是本地变量
...    def inner_func():
...        c = 3             # c 是本地变量
...        print(c)          # print 是内置变量
```

变量可以在 3 种地方进行赋值，分别对应着如下 3 种作用域：

● 如果一个变量在函数体中赋值，则这个变量属于本地变量；

● 如果一个变量在外部函数中赋值，那么相对于内部函数来说这个变量属于非本地变量；

● 如果一个变量在 def 之外赋值，那么这个变量就是全局变量。

4 种变量分别介绍如下。

（1）内置变量：内置变量都定义在__builtins__模块中，这个是 Python 解释预加载的一个模块，不需要我们去加载，所以我们平时能够随时使用这些内置函数。下面使用 dir()函数来显示__builtins__模块包含哪些内置函数。

```
>>> dir(__builtins__)
['ArithmeticError', 'AssertionError', 'AttributeError', 'BaseException',
'BlockingIOError', 'BrokenPipeError', 'BufferError', 'BytesWarning', 'ChildProcessError',
'ConnectionAbortedError', 'ConnectionError', 'ConnectionRefusedError',
'ConnectionResetError', 'DeprecationWarning', 'EOFError', 'Ellipsis', 'EnvironmentError',
'Exception', 'False', 'FileExistsError', 'FileNotFoundError', 'FloatingPointError',
'FutureWarning', 'GeneratorExit', 'IOError', 'ImportError', 'ImportWarning',
'IndentationError', 'IndexError', 'InterruptedError', 'IsADirectoryError', 'KeyError',
'KeyboardInterrupt', 'LookupError', 'MemoryError', 'ModuleNotFoundError', 'NameError',
'None', 'NotADirectoryError', 'NotImplemented', 'NotImplementedError', 'OSError',
'OverflowError', 'PendingDeprecationWarning', 'PermissionError', 'ProcessLookupError',
'RecursionError', 'ReferenceError', 'ResourceWarning', 'RuntimeError', 'RuntimeWarning',
'StopAsyncIteration', 'StopIteration', 'SyntaxError', 'SyntaxWarning', 'SystemError',
'SystemExit', 'TabError', 'TimeoutError', 'True', 'TypeError', 'UnboundLocalError',
'UnicodeDecodeError', 'UnicodeEncodeError', 'UnicodeError', 'UnicodeTranslateError',
'UnicodeWarning', 'UserWarning', 'ValueError', 'Warning', 'WindowsError',
'ZeroDivisionError', '_', '__build_class__', '__debug__', '__doc__', '__import__',
'__loader__', '__name__', '__package__', '__spec__', 'abs', 'all', 'any', 'ascii', 'bin',
'bool', 'breakpoint', 'bytearray', 'bytes', 'callable', 'chr', 'classmethod', 'compile',
'complex', 'copyright', 'credits', 'delattr', 'dict', 'dir', 'divmod', 'enumerate', 'eval',
'exec', 'exit', 'filter', 'float', 'format', 'frozenset', 'getattr', 'globals', 'hasattr',
```

```
'hash', 'help', 'hex', 'id', 'input', 'int', 'isinstance', 'issubclass', 'iter', 'len',
'license', 'list', 'locals', 'map', 'max', 'memoryview', 'min', 'next', 'object', 'oct',
'open', 'ord', 'pow', 'print', 'property', 'quit', 'range', 'repr', 'reversed', 'round',
'set', 'setattr', 'slice', 'sorted', 'staticmethod', 'str', 'sum', 'super', 'tuple', 'type',
'vars', 'zip']
    >>>
```

（2）全局变量：指定义在模块顶层的变量，作用于全局。

（3）本地变量：指定义在函数之内的变量，包括函数形参。

（4）非本地变量：非本地变量是本地变量的一种相对称谓。在本节前面的示例中，变量 arg1、b 相对于 inner_func 是非本地变量。

所有变量的引用都遵循 LEGB（Local→Enclosing Function Locals→Global→Builtin）规则：首先在本地作用域中查找变量，然后在嵌套作用域中找（如果有的话），然后在全局作用域中查找，最后到内置作用域查找。如果都没有查找到，则系统会报错。

4.2.1 全局变量

Python 的全局变量是定义在函数之外，在模块文件顶层赋值的变量。全局变量可以在赋值位置之后的任何地方进行引用。全局变量的示例如下。

```
>>> global_var = 10
>>> def test():
...   print(global_var)
...
>>> print(global_var + 5)
15
>>> test()
10
>>>def func():
…   num = 1
…   print("函数内修改后 num=",num)
>>>num = 2
#函数内修改后 num=1

>>>func()
>>>print("函数运行后 num=",num)
函数运行后 num=2
```

读者可能会对上面的示例代码有疑惑，明明 num 是个全局变量，在调用 func()函数后值应该改变成 1，为什么还是 2 呢。这是因为在函数体中赋值的变量是本地变量，和全局变量 num 是两个完全不同的变量。

那么，如果需要修改全局变量的值，我们应该怎么做呢？Python 给我们提供了 global 关键字。global 关键字指示这是一个全局变量。如果已经有这个变量，用户可以直接引用；如果没有，则用户需要创建这个变量。

```
>>>def func():
…　　global num
…　　num = 1
…　　print("函数内修改后 num=",num)
>>>num = 2
#函数内修改后 num=1
>>>func()
>>>print("函数运行后 num=",num)
函数运行后 num=1
```

上面的代码确实修改了全局变量 num 的值，这是因为 func()函数中使用了 global 关键字，指示这个 num 是全局变量。因此 func()函数中后续的赋值，就是改变全局变量，而不是创建本地变量。

```
>>>def add_a():
…　　global　a
…　　a = 3
>>>add_a()
>>>print(a)
3
```

这个示例表明 global 关键字确实起到了创建全局变量的作用。

4.2.2　函数调用环境

函数调用时会在内存中分配一块空间，用来存放本地变量、调用者返回 PC 指针等信息，当函数运行完后，分配的这块空间就会被回收，所以这些变量就不能再被访问了。当再次调用这个函数时，系统会另外分配空间，这个时候新创建的变量和之前相同名字的变量是两个完全不同的变量。

```
>>> def outer_func():
…　　a = 10
…　　def inner_func():
…　　　a = 20
…　　　print(a)
```

```
...    inner_func()

...    print(a)

...

>>> outer_func()

20

10

>>>
```

上述代码本来的目的是改变非本地变量 a 的值，但是却失败了。这是由于在 inner_func()函数中对 a 赋值时，创建了另外一个变量 a，而不是引用非本地变量 a。为了改变非本地变量的值，需要使用关键字 nonlocal，它可申明变量为非本地变量。

```
>>> def outer_func():

...    a = 10

...    def inner_func():

…        nonlocal a

...        a = 20

...        print(a)

...    inner_func()

...    print(a)

...

>>> outer_func()

20

20

>>>
```

注意：关键字 nonlocal 只是声明变量是非本地变量，并不会创建这个变量，只是扩大变量搜索范围，最多搜索到非本地作用域范围，不会再搜索全局作用域和内置作用域。

```
>>> a = 10

>>> def test():

...    def do_test():

...        nonlocal a

...        print(a)

...    do_test()

...

  File "<stdin>", line 3

SyntaxError: no binding for nonlocal 'a' found
```

4.3　递归

递归函数是直接或者间接地调用自身的函数。递归作为一种算法，在程序设计语言中被广泛应用。递归函数在其定义或说明中有直接或间接调用自身的一种方法，它通常把一个大型、复杂的问题层层转化为一个与原问题相似的规模较小的问题来求解。递归策略只需少量的程序代码就可描述出解题过程所需要的多次重复计算，大大地减少了程序的代码量。

设计递归函数时需要明确设计返回条件，若不设计返回条件，则这个调用就会陷入死循环，最终占满分配给进程的内存空间。

4.3.1　使用递归实现阶乘

当计算 n 的阶乘时，假如已知 $n-1$ 的阶乘，只需计算 $n×(n-1)!$。计算 $n-1$ 的阶乘和计算 n 的阶乘一样，假如已知 $n-2$ 的阶乘，则只需计算$(n-1)×(n-2)!$。由此，可定义如下求阶乘函数：

```
>>>def  fact( n ):
…   if  n == 1:
…      return  1
…   return  n * fact( n - 1 )
```

调用 fact()函数的示例如下：

```
>>> fact(5)
120
>>> fact(3)
6
>>> fact(1)
1
```

4.3.2　Fibonacci 数列

斐波那契数列（Fibonacci Sequence），又称黄金分割数列，因数学家斐波那契（Fibonacci）以兔子繁殖为例而引入，故又称为"兔子数列"，它指的是这样一个数列：1、1、2、3、5、8、13、21、34、……

在数学上，斐波纳契数列以如下的递归方式定义：$F(1)=1$，$F(2)=1$，$F(n)=F(n-1)+F(n-2)$（ n

$\geqslant 2$，$n \in N^*$）。

根据斐波纳契数列的定义，我们可定义 fibs() 函数如下：

```
>>>def fibs(n):
…   if n == 1 or n == 2:
…     return 1
…   else:
…     return fibs(n-1) + fibs(n-2)
```

调用 fibs() 函数，输出结果如下：

```
>>> fibs(1)
1
>>> fibs(3)
2
>>> fact(6)
8
```

与预期一致，fibs() 函数可返回斐波纳契数列相应位置的数值。

4.3.3　递归与数学归纳法

数学归纳法的思想：①验证当 n 取第一个自然数值 $n=n_1$（$n_1=1$、2 或其他常数）时，命题正确；②假设当 n 取某一自然数 k 时命题正确，以此推出当 $n=k+1$ 时这个命题也正确。由此就可推出命题对于从 n_1 开始的所有自然数都成立。

数学归纳法利用的是递推的原理，而递归利用的也是递推原理，在这一点上，递归与数学归纳法本质是相同的。

4.3.4　递归与分治法

分治法的基本思想：将一个规模为 n 的问题分解为 k 个规模较小的子问题，这些子问题互相独立且与原问题相同。递归地解这些子问题，然后将各个子问题的解合并成原问题的解。

递归是把问题转化为规模缩小了的同类问题的子问题。然后递归调用函数（或过程）来表示问题的解。简单地说：分治法是把一个复杂问题划分为多个简单子问题，递归法是把多个子问题归为一个问题的解决方法。

4.4　高阶函数

高阶函数是把函数作为参数的一种函数，是一种高度抽象的编程方式。函数本身是一个对象，函数名作为一个变量，引用函数对象，因为可以使用其他变量来引用这个函数对象，所以函数与其他对象没有什么区别。

4.4.1　匿名函数

匿名函数是一个函数对象，可以赋值给一个变量，此时这个变量就代表函数名。

有时无须显式地定义函数，直接传入匿名函数即可。Python 使用 lambda 来创建匿名函数。lambda 的主体是一个表达式，而不是代码块，并且拥有自己的命名空间，不能访问除自己参数列表之外或者全局命名空间里的参数。

先定义一个求和函数，分别用常规函数和 lambda 函数表示，示例如下。

```
#常规定义
>>>def my_sum( x, y ):
        return x + y


#匿名函数
>>>my_sum = lambda x , y : x + y
```

通过如下代码可以观察到，调用匿名函数和调用常规函数的方式没有区别：

```
>>> print( my_sum )
<function <lambda> at 0x010462002093D07>
>>> my_sum( 3, 5 )
8
```

4.4.2　函数作为参数

在 Python 中，函数本身也是对象，可以将函数作为参数传入另一个函数进行调用。

首先定义一个求绝对值的函数：

```
>>>def my_abs( a ):
…    if( a>0 ):
…        return a
…    else:
```

```
...        return -a
```

然后定义一个加法函数 add()，该函数接受 3 个参数，其中，x 和 y 是数字，f 是函数。add() 函数首先将 f()函数分别应用在 x 和 y 上，再把所得的结果相加。

```
>>>def add(x , y, func):
... return f(x) + f(y)
```

以不同的参数调用 add()函数如下：

```
>>> add(8, -3, my_abs)
11
>>> add(-2, -4, my_abs)
6
```

4.4.3　函数作为返回值

高阶函数除了可以将函数作为参数外，还可以将函数作为结果返回。函数作为返回值可以将一些计算延迟执行。例如，我们定义一个求和函数 calculate()：

```
>>>def  calculate (type_list):
...    return sum(type_list)
```

此时调用 calculate()，可直接返回结果：

```
>>> calculate ([8,-3])
5
>>> calculate ([2,4])
6
```

我们可以通过返回一个函数，实现计算的延迟执行，重新定义求和函数 calculate()：

```
>>>def  calculate (type_list):
...   def  lazy_cal():
...      return sum(type_list)
...   return lazy_cal
```

下面的代码在调用函数时并没有直接执行计算，而是先返回函数：

```
>>> func = calculate ([8,-3])
>>> func
<function lazy_sum at 0x1037bfaa0>
```

在调用返回的函数后，才会计算出结果：

```
>>>func()
5
```

第5章
Python 数据结构

前面几章所讲的内容，重点放在使用 Python 语言表达计算流程上，本章的重心则在如何使用 Python 语言来表达数据。数据在程序运行过程中如何表示，如何使用，如何叠加、复合以构造更复杂的结构，如何针对不同的目标选择不同的结构来解决问题，这些都属于数据结构研究的范畴。Python 语言内置了几种通用的数据结构，它们的适用性非常广，可以用来解决很多问题。这几种数据结构还可以进一步组合，进而能够极大地扩展 Python 应用的领域。

本章将要探讨的 Python 数据结构包括元组、列表、字典和集合，它们都属于复合的数据类型。

此外，本章还将介绍迭代器和生成器技术，这两种技术都是 Python 语言处理数据的常用技术。

5.1 元组

我们在前面的章节介绍过，Python 的对象是具有数据类型的。例如，3.14 这个值的数据类型是 float，字符串'python'的数据类型是 str。进一步比较 float 类型和 str 类型可以发现，str 类型对象能够进一步分解。例如，'python'能够分解为 6 个元素：'p'、'y'、't'、'h'、'o'、'n'。因此，str 类型是一种复合的数据类型。同时，str 的元素是有序的，显然，'python'和'nohtyp'是两个不同的字符串对象。此外，str 类型还有一个不太明显的特征，str 对象是不可变的（Immutable）。一旦创建出来，str 对象始终保持固定的值，既无法为它增加字符，也无法修改其中的字符。

元组（Tuple）是本章新引入的第一种复合数据类型，元组的性质在许多方面和 str 类型相似。首先，元组是一种复合的容器，能够容纳一系列的元素；其次，元组的元素也是有序的；第三，元组是一种不可变的（Immutable）容器，换句话说，一旦创建之后，元组对象就无法修改了。

元组和 str 类型不同的地方主要在于所容纳元素的类型。str 类型对象中的元素必须是字符，而元组对象的元素类型则可以是任意的，并且，同一个元组对象的元素类型可以互不相同。

下面将具体地介绍元组类型的使用方法。

5.1.1　元组的创建

可以使用小括号创建元组对象，方法如下。

```
>>> t = ()          # 使用小括号创建元组对象
>>> t
()
>>> type(t)    # 查看元组对象的类型
<class 'tuple'>
```

元组的元素使用英文逗号分隔，最后一个元素后面的逗号可以省略。

```
>>> (1, 2, 3)
(1, 2, 3)
>>> (1, 2, 3,)      # 多个元素的情况下，最后一个逗号可以省略
(1, 2, 3)
```

需要注意的是，如果只有一个元素，则元素后面的逗号必须写上，否则表达的就是另外一种含义。

```
>>> (3,)            # 当元组只有一个元素时，必须写出最后一个逗号
(3,)
>>> (3)             # 否则就会变成表达式外层的普通括号
3
>>> type( (3,) )
<class 'tuple'>
>>> type( (3) )
<class 'int'>
```

元组中的元素类型是任意的，并且，同一个元组对象的元素类型可以互不相同。

```
>>> ('abc', 'xyz')
('abc', 'xyz')
>>> (12, 2.99, 'abc')          # 元组中的元素类型可以混合存在
(12, 2.99, 'abc')
```

5.1.2　元组的操作

如前所述，元组和 str 类型有很多相似之处。因此，许多应用在 str 类型对象上的操作，也可以应用在元组对象上。元组的主要操作包含以下几种。

（1）元组类型支持拼接操作。

```
>>> (12, 89) + ('abc', 'xyz')        # 拼接操作
(12, 89, 'abc', 'xyz')
```

（2）元组类型支持重复操作。

```
>>> 3 * ('x', 'y')                   # 重复操作
('x', 'y', 'x', 'y', 'x', 'y')
```

（3）元组类型支持 len()函数。

```
>>> len( ('a', 'b', 'c') )           # 调用 len()函数获取元素个数
3
```

（4）元组类型支持下标（index）操作。

```
>>> ('x', 'y', 'z')[0]               # 获取 index 为 0 位置的元素
'x'
>>> ('x', 'y', 'z')[2]
'z'
>>> ('x', 'y', 'z')[3]               # index 超过有效范围，抛出异常
Traceback (most recent call last):
  File "<stdin>", line 1, in <module>
IndexError: tuple index out of range
```

（5）元组类型支持切片（slice）操作。

```
>>> ('a', 'b', 'c', 'd', 'e')[2:5]  # 获取 index 为 2、3、4 位置的元素构成新元组
('c', 'd', 'e')
```

（6）元组类型支持 in 操作，并测试某个对象是否存在其中。

```
>>> 'python' in ('abc', 'xyz', 'python')  # 元组中是否存在某个值
True
>>> 'ruby' in ('abc', 'xyz', 'python')
False
```

完整的操作列表和说明，请查阅 Python 官方参考手册。

下面给出元组的两个应用示例。

（1）第一个例子，交换两个变量的值。如果不使用元组，通常的做法是引入一个临时变量。

```
>>> x = 3
```

```
>>> y = 9
>>> tmp = x                    # 使用临时变量 tmp
>>> x = y
>>> y = tmp
>>> print(x, y)
9 3
```

使用元组，能够使代码更简洁、清晰。

```
>>> (x, y) = (y, x)     # 不使用临时变量
```

（2）第二个例子，使用元组从函数中返回多个值。Python 中的函数只能够返回一个值，如果需要返回多个值，则可以返回一个元组对象，将多个值存放在元组对象中。下面的代码定义了一个函数，用于计算 x 除以 y 的商（整数部分）以及余数。通过返回一个元组对象，可将商和余数同时返回给调用者。

```
>>> def quotient_and_remainder(x, y):
... '''返回 x 除以 y 的商（整数部分）以及余数。
... x 和 y 都是整数。'''
...     q = x // y
...     r = x % y
...     return (q, r)
...
>>> (quot, rem) = quotient_and_remainder(42, 5)
>>> print(quot, rem)  # 显示商和余数
8 2
```

5.1.3　元组的遍历

类似于 str 类型，用户可以使用 range() 函数生成下标，通过下标遍历访问元组的元素。

```
>>> for i in range(len(t)):     # 使用 range() 函数遍历元组
...     print(t[i])
...
```

for 语句可以直接应用在序列类型的对象上，str 类型、元组类型都属于序列类型，因此上述代码可以用更简单的方式改写，如下所示。

```
>>> for item in t:                # 直接使用 for 循环遍历元组，推荐使用这种方式
...     print(item)
...
```

下面通过一个例子展示元组的遍历和应用。通过统计一篇英文文章，得到文章的每一行的单

词出现次数。将统计结果存放到一个元组对象中，它的每一个元素存放了一个单词在一行中的出现次数。这个元素对象仍然是元组，内层元组固定有两个元素，第一个是单词在行内的出现次数，第二个是单词本身。元组对象的结构如图 5-1 所示。

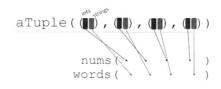

图 5-1　单词统计结果的元组结构

现在，需要找出最多的单词出现次数、最少的单词出现次数，以及文章中一共有多少个（不重复的）单词。下面的函数实现了这一功能。

```python
def get_data(aTuple):
    '''
    返回最小数字、最大数字、不重复的单词个数。
    aTuple 是一个元组对象，结构如图 5-1 所示。
    '''
    nums = ()
    words = ()
    for t in aTuple:
        nums = nums + (t[0],)          # t[0]是单词在行内的出现次数
        if t[1] not in words:
            words = words + (t[1],)    # t[1]是单词本身
    min_nums = min(nums)
    max_nums = max(nums)
    unique_words = len(words)
    return (min_nums, max_nums, unique_words)
```

首先，新建两个元组 nums 和 words。然后开始遍历初始的结果元组 aTuple。在遍历过程中，将 aTuple 中的元素拆分，将次数和单词分别存入 nums 和 words。注意，由于元组是不可变的数据结构，因此在每次循环中，nums 和 words 都会被赋予新的元组对象。在循环中，使用 not in 操作判断单词是否未出现过，用于确保 words 中不存在重复的单词。循环遍历完成后，使用 min()、max()和 len()这 3 个函数求出元组的最小值、最大值和长度。最后返回的结果也是一个元组对象，其中包含 3 个元素。

使用模拟输入调用 get_data()函数的代码如下。

```python
>>> t = ((1, 'mine'),
...      (3, 'yours'),
```

```
...     (5, 'ours'),
...     (7, 'mine'))
>>> get_data(t)
(1, 7, 3)
```

5.2 列表

列表（List）是本章引入的第二种复合数据类型。类似于元组，列表也是一种有序的容器，用于存放一系列的元素。列表同样可以存放不同类型的元素，前面介绍的元组的相关操作，也都可以应用在列表对象上。

列表的创建和元组相似，它们之间唯一的区别是，列表使用方括号[]，而元组使用小括号()。

列表和元组最大的区别是，元组是不可变的（Immutable），而列表是可变的（Mutable）。这意味着什么呢？下面进行具体分析。

在分析可变性质之前，先来了解列表的基本操作。

5.2.1 列表的操作

使用方括号[]创建列表对象。列表的元素类型可以互不相同。

```
>>> ls = [1, 'two', 3]  # 使用方括号创建列表对象
>>> ls
[1, 'two', 3]
```

前面所讲的应用于元组类型的操作都可以应用在列表类型上。

（1）拼接操作。

```
>>> [12, 89] + ['abc', 'xyz']  # 拼接
[12, 89, 'abc', 'xyz']
```

（2）重复操作。

```
>>> 3 * ['x', 'y']  # 重复
['x', 'y', 'x', 'y', 'x', 'y']
```

（3）len()函数。

```
>>> len( ['a', 'b', 'c'] )  # 获取元素个数
3
```

（4）下标（index）操作。

```
>>> ['x', 'y', 'z'][0]  # 获取 index 为 0 位置的元素
```

```
'x'
```

（5）切片（slice）操作。

```
>>> ['a', 'b', 'c', 'd', 'e'][2:5]   # 获取 index 为 2、3、4 位置的元素构成的新列表
['c', 'd', 'e']
```

（6）in 操作。

```
>>> 'python' in ['abc', 'xyz', 'python']   # 列表中是否存在某个值
True
```

此外，列表还支持以下操作。

（1）赋值给列表的下标，从而改变下标位置的元素。

```
>>> ls = [2, 1, 3]
>>> ls[1] = 5   # 修改 index 为 1 位置的元素值
>>> ls
[2, 5, 3]
```

（2）列表支持 append()方法。使用 ls.append(element)可添加元素到列表的末尾。注意，append
操作修改了列表对象。

```
>>> ls = [2, 1, 3]
>>> ls.append(5)   # 在列表末尾添加一个值
>>> ls
[2, 1, 3, 5]
```

（3）列表支持 extend()方法。使用 a_list.extend(b_list)连接并修改 a_list。

```
>>> ls = [3, 5, 9]
>>> ls.extend( [1, 2] )   # 扩展 ls，在末尾添加两个值
>>> ls
[3, 5, 9, 1, 2]
```

（4）列表还支持以下几种删除操作。

① del -：按索引删除单个元素。

② pop -：删除末尾的元素并返回。

③ remove -：查找并删除元素。若有多个，则只删除第一个；若元素不存在，则抛出异常。

5.2.2　列表是可变的

列表可变意味着列表对象中的元素能够被重新赋值，列表对象能够增减元素。下面使用方括
号[]创建列表对象，同时创建元组对象用于对比。

```
>>> ls = [2, 1, 3]
```

```
>>> ls[1] = 5  # 列表能够修改其中的元素值
>>> ls
[2, 5, 3]
>>> t = (2, 1, 3)
>>> t[1] = 5  # 修改元组的元素值，导致系统抛出异常
Traceback (most recent call last):
  File "<stdin>", line 1, in <module>
TypeError: 'tuple' object does not support item assignment
```

可以看到，通过对列表对象的下标赋值，改变了下标所标示位置的元素。与之形成对比的是，对元组对象的下标赋值则会导致系统抛出异常。这是可变对象与不可变对象的区别。读者需要特别注意可变性，引入可变的数据类型之后，程序设计的很多方面都会受到影响。

首先来看可变对象与别名的关系。程序中的变量，有一个名字，这个名字引用了一个对象。如果多个变量引用了同一个对象，那么这个对象同时具有多个名字，这就是别名的含义。如果多个别名指向的对象是不可变的，并不会导致问题的出现。但是，如果这个对象是可变的，就会导致一个意料之外的问题。

```
>>> cool = ['blue', 'green', 'grey']  # cool 绑定了一个列表对象
>>> chill = ['blue', 'green', 'grey']  # chill 绑定了另一个列表对象
>>> chill[2] = 'blue'
```

在上述代码中，cool 和 chill 分别引用了不同的对象，因此不存在别名的现象。此时，可以采用图 5-2 所示的方式描述代码运行的存储模型。

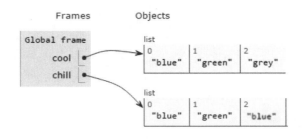

图 5-2 变量的存储模型

在图 5-2 中，左边是当前的程序运行环境，其中定义了两个变量：cool 和 chill；右边是变量引用的对象。可以清楚地看出，此时两个变量引用了两个不同的对象，因此它们是互相独立、互不影响的。

然而，当两个变量引用同一个对象时，就出现了别名的现象。示例代码如下。

```
>>> warm = ['red', 'yellow', 'orange']  # warm 绑定了一个列表对象
>>> hot = warm                           # hot 绑定了同一个列表对象
```

```
>>> warm
['red', 'yellow', 'orange']
>>> hot
['red', 'yellow', 'orange']
```

如图 5-3 所示，此时 warm 和 hot 变量引用了同一个对象。如果此时修改 hot 变量，会出现什么情况？

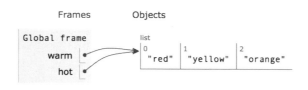

图 5-3　两个变量引用同一个对象

```
>>> hot.append('pink')   # 修改 hot
>>> hot
['red', 'yellow', 'orange', 'pink']
>>> warm                 #并没有直接修改 warm，但 warm 仍然发生了改变
['red', 'yellow', 'orange', 'pink']
```

可以看到，warm 的值也发生了改变。这就是别名带来的影响，会很容易地导致误修改了其他变量，使程序出现意料之外的结果。

接下来再来看一下可变性对遍历列表元素的影响。因为列表是可变的，在遍历列表元素的过程中也可以修改列表，这种操作也会引发很多意料之外的问题。下面的例子，本来的目的是移除 ls1 列表中与 ls2 列表重复的元素。

```
>>> ls1 = [1, 2, 3, 4]
>>> ls2 = [1, 2, 5, 6]
>>> for e in ls1:
...    if e in ls2:
...        ls1.remove(e)
...
>>> ls1  # 结果不符合预期
[2, 3, 4]
```

但是结果却不符合预期，为什么会出现这样的结果？因为在 for 循环中，Python 解释器使用一个内部计数器记录当前位置，在循环中删除了列表的元素，也就是改变了列表的结构，导致内部计数器和列表不匹配，所以没有访问到每一个元素，最终导致出现错误的结果。因此，在编程时要注意这种情况，避免在遍历列表元素的过程中修改列表的结构。上面的例子应该将 ls1 列表复制一份，使用副本进行遍历，才能达到预期的目的。

```
>>> ls1 = [1, 2, 3, 4]
>>> ls2 = [1, 2, 5, 6]
>>> ls1_copy = ls1[:]        # 创建 ls1 的副本
>>> for e in ls1_copy:       # 在副本上遍历
...     if e in ls2:
...         ls1.remove(e)
...
>>> ls1  # 得到正确的结果
[3, 4]
```

5.3　迭代器

到目前为止，本书已经多次使用 for 循环。例如，在 range()函数的结果上进行遍历；又如，本章前面的内容使用 for 循环遍历列表的元素。for 循环能够应用在多种类型的对象上，只要该对象是一个可迭代的（Iterable）对象。可迭代的对象与 Python 语言中的迭代器（Iterator）功能有关。

5.3.1　迭代器和可迭代对象

迭代器（Iterator）的概念很简单。在 Python 语言中，任何定义了__next__方法的对象都是迭代器。方法名前后带双下画线，这是 Python 语言的一个约定，用于表示具有特殊功能的方法。__next__方法必须遵守下面的约定：

（1）每次调用__next__方法后，返回迭代器的下一个值；

（2）如果没有下一个值，则抛出 StopIteration 异常。

Python 语言具有一个名为 next 的内置函数，该函数接受一个参数，即一个迭代器对象，返回该迭代器对象的下一个值。实际上，next 函数内部调用了迭代器对象的__next__方法。

可迭代（Iterable）对象是另外一个概念，指的是定义了__iter__方法的对象。根据约定，__iter__方法必须返回一个迭代器对象。

Python 语言具有一个名为 iter 的内置函数，该函数接受一个参数，即一个可迭代对象，返回一个迭代器对象。实际上，iter()函数内部调用了可迭代对象的__iter__方法。

列表对象是可迭代对象，但不是迭代器对象。下面的代码可以验证这一点。

```
>>> from collections import Iterable    # 引入可迭代类型
>>> from collections import Iterator    # 引入迭代器类型
>>> x = [1, 2, 3]
```

```
>>> isinstance(x, Iterable)          # 列表是可迭代类型的实例
True
>>> isinstance(x, Iterator)          # 列表不是迭代器类型的实例
False
```

既然列表对象是可迭代对象，那么，用户就可以使用 iter()函数获取与之相关的迭代器对象。

```
>>> x_iter = iter(x)                 # 获取与 x 关联的迭代器对象
>>> isinstance(x_iter, Iterator)     # x_iter 是迭代器类型的实例
True
```

获取与列表关联的迭代器对象之后，就可以使用 next()函数访问下一个元素。

```
>>> next(x_iter)                     # 获取迭代器的下一个值
1
>>> next(x_iter)
2
>>> next(x_iter)
3
>>> next(x_iter)                     # 当迭代器已经不存在下一个值时，抛出 StopIteration 异常
Traceback (most recent call last):
  File "<stdin>", line 1, in <module>
StopIteration
```

每次在 x_iter 对象上调用 next()函数，就会返回列表 x 的下一个元素。当遍历访问了列表 x 的所有元素之后，再次调用 next()函数时，将会抛出 StopIteration 异常。显然，next()函数内部进一步调用了 x_iter 对象的__next__方法，遵守了前述的迭代器约定。

除了列表类型外，元组类型的对象也是可迭代的对象，同样能够通过 iter()函数获取与之关联的迭代器，进而遍历访问元组对象的元素。

在前面的内容提到过，Python 语言的 for 循环与迭代器有关。具体来说，能够用在 for 循环上的对象必须是可迭代对象。在 for 循环内部，首先调用 iter()函数，从需要遍历的对象中获取迭代器对象，再进一步地在迭代器对象上重复调用 next()函数，直到抛出 StopIteration 异常。整个过程如图 5-4 所示。

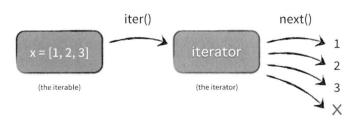

图 5-4　for 循环图解

5.3.2　自定义迭代器

除了使用 Python 语言内置的迭代器外，用户还可以自定义迭代器类型以及可迭代类型。定义迭代器类型和可迭代类型并不困难，只需符合前述的约定即可。下面用一个例子进行说明。

```python
class Reverse:
    """反向遍历序列的迭代器。"""

    # 创建对象时，自动调用的初始化方法
    def __init__(self, data):
        self.data = data          # 创建对象的一个属性，名称为 data，用于存放原始序列
        self.index = len(data)    # 创建对象的另一个属性，名称为 index，存放在当前位置

    # Reverse 是可迭代对象（iterable）
    def __iter__(self):
        return self

    # Reverse 也是迭代器（iterator）
    def __next__(self):
        if self.index == 0:              # 反向遍历已结束
            raise StopIteration
        self.index = self.index - 1      # 反向前进一个位置
        return self.data[self.index]
```

这个例子定义了一个迭代器类型，用于反向遍历一个序列。这种迭代器能够操作所有支持下标操作的序列，如 str 类型、元组类型或者列表类型。

因为迭代器是一种类型，因此需要使用 class 关键字定义一个类型，类型名称为 Reverse。在 __init__ 初始化方法中，用 data 传入需要反向遍历的序列，并将索引位置指向序列的结尾。

如前所述，迭代器类型需要实现 __next__ 方法。在 __next__ 方法中，首先通过索引位置判断是否已经反向遍历所有的元素。如果完成遍历，则按照迭代器的约定，抛出 StopIteration 异常。如果没有完成遍历，则将索引减 1，然后返回前一个元素。

Reverse 类型同时还实现了 __iter__ 方法，因此它也是一种可迭代的类型。__iter__ 方法需要返回一个迭代器对象，而 Reverse 类型对象本身就是迭代器对象，因此，__iter__ 方法只需将自身（self）返回即可。

接下来使用刚才所定义的 Reverse 类型。

```python
>>> x = [1, 2, 3]
```

```
>>> rev = Reverse(x)   # 创建一个 Reverse 类型的对象
>>> isinstance(rev, Iterable)
True
>>> isinstance(rev, Iterator)
True
```

在上述代码中可以看到，Reverse 类型对象既是可迭代对象，又是迭代器对象。

```
>>> for i in rev: # rev 是可迭代对象，因此可以使用 for 循环进行遍历
...     print(i)
...
3
2
1
```

正如预期一样，使用 for 循环遍历 Reverse 对象，将会反向遍历其底层的列表。

5.3.3　生成器

生成器（Generator）是 Python 语言提供的一种强大的机制，它的基本功能是用于创建迭代器。

上一节使用自定义类型创建了一个反向遍历序列的迭代器类型。对于这种比较简单的情况，仍然需要处理不少底层的细节。如果是更复杂的情况，实现难度会更大。

生成器的机制能够降低创建自定义迭代器的复杂性。生成器机制的表现形式类似于普通函数，只是这种函数内部使用了 yield 关键字，称为生成器函数。生成器函数返回的结果是一个生成器。yield 关键字类似于 return 关键字，用于退出相关的代码段，同时返回一个值。与 return 不同的是，使用 return 退出后，本次调用的信息就被全部丢弃了；而使用 yield 退出后，代码调用的相关信息仍然会保留。因此，下一次再进入这个代码段时，上次执行的状态仍然存在，代码能够接着从上次的退出的位置继续执行。

生成器机制使用文字描述很抽象，下面举一个简单的例子进行说明。

```
def generator_demo():           # 定义一个特殊的函数，生成器函数
    yield 1
    yield 2
    yield 3
```

上面一段看起来像函数的代码，实际上是定义了一个生成器函数。

```
>>> g = generator_demo()        # 调用生成器函数，并不执行函数体，而是返回一个生成器对象
>>> type(g)
<class 'generator'>
```

调用生成器函数，返回的结果是一个生成器对象。

```
>>> hasattr(g, '__next__')
True
>>> hasattr(g, '__iter__')
True
>>> isinstance(g, Iterable)     # 生成器对象是可迭代对象
True
>>> isinstance(g, Iterator)     # 生成器对象也是迭代器对象
True
```

Python 语言的内置函数 hasattr()用于判断一个对象是否具有某个属性。可以看到，生成器对象 g 实现了__next__方法，因此 g 是一个迭代器对象；同时 g 也实现了__iter__方法，因此 g 同时也是一个可迭代对象。

```
>>> next(g)  # 获取生成器对象的下一个值
1
>>> next(g)
2
>>> next(g)
3
>>> next(g)
Traceback (most recent call last):
  File "<stdin>", line 1, in <module>
StopIteration
```

既然 g 是迭代器对象，便可以在 g 对象上调用 next 函数。第一次调用 next()函数时，生成器函数的代码执行以下语句，并返回数值 1。

```
yield 1
```

第二次调用 next()函数，生成器函数并没有从头开始执行，而是记住了上次的执行状态，从上次的 yield 语句之后接着往下执行。因此，这一次代码执行以下语句，并返回数值 2。

```
yield 2
```

继续调用 next()函数，代码每一次从上次的执行位置往下继续执行。直到最后一次调用 next()函数，生成器函数的代码已经执行完毕。这一次就抛出了 StopIteration 异常。

作为对比，下面使用生成器来重写 5.3.2 节的反向遍历序列的迭代器例子。

```
def make_reverse_iter(data):  # 参数data是一个序列，如元组、列表、字符串等
    for index in range(len(data)-1, -1, -1):
        yield data[index]
```

与上一节的自定义类型的实现方式进行比较。显然，使用生成器实现迭代器，极大地减少了代码行数。更为重要的是，生成器的实现能够使用一种更接近普通循环遍历的方式实现迭代器，将程序设计人员从复杂的底层状态处理中解放出来。

对于使用者来说，使用生成器的方式与使用自定义迭代器的方式类似。

```
>>> x = [1, 2, 3]
>>> rev = make_reverse_iter(x)
>>> for i in rev:
...     print(i)
...
3
2
1
```

5.4　字典

在程序设计中，存储成对的数据是十分常见的需求。例如，如果想要统计一篇英文文章中，各个单词的出现次数。在这种情况下，如果有一种数据结构，能够成对地存放单词和对应的次数，就会对完成单词次数统计的任务很有帮助。Python 内置的字典（Dict）正是这样一种数据结构。

5.4.1　字典的操作

字典（Dict）用于存储成对的元素，其中一个称为键（key），另一个称为值（value）。在一个字典对象中，键不能重复，用于唯一标识一个键值对，而对于值的存储则没有任何限制。

使用英文大括号{}来创建一个字典对象。

```
score_dict = {'张三':90, '李四':75, '王五':82}
```

上面的代码创建了一个字典对象，用于存储学生的成绩。其中，键是 str 类型，存放学生的名字；值是 int 类型，存放学生的成绩。

在字典中根据键查找相应的值是一个高效的操作，因为查找操作无须遍历字典的所有键值对，而是通过键计算出一个数值，进而根据这个数值定位到键值对的位置。查找的语法与列表下标操作类似，使用方括号[]作为操作符。如果字典中存在该键，则返回对应的值；如果不存在，则抛出异常。

```
>>> score_dict['王五']   # 获取'王五'这个 key 所对应的值
82
>>> score_dict['孙悟空']   # key 不存在会抛出异常
Traceback (most recent call last):
  File "<stdin>", line 1, in <module>
KeyError: '孙悟空'
```

在字典中添加一个条目（entry，即键值对）。

```
>>> score_dict['赵六'] = 93   # 添加一个条目，key 为'赵六'，value 为 93
>>> score_dict
{'张三': 90, '李四': 75, '王五': 82, '赵六': 93}
```

如果添加的键原本已存在于字典对象中，则使用新的值覆盖原有的值。

```
>>> score_dict['王五'] = 69   # 更新'王五'这个 key 所对应的值
>>> score_dict
{'张三': 90, '李四': 75, '王五': 69, '赵六': 93}
```

使用 in 操作符检测字典中是否存在某个键。

```
>>> '王五' in score_dict   # 字典中是否存在'王五'这个 key
True
>>> '孙悟空' in score_dict
False
```

使用 del 操作符删除键值对。

```
>>> score_dict
{'张三': 90, '李四': 75, '王五': 69, '赵六': 93}
>>> del(score_dict['张三'])   # 删除 key 值为'张三'的键值对
>>> score_dict
{'李四': 75, '王五': 69, '赵六': 93}
```

字典类型的 keys()方法，返回一个可迭代对象，从而能够遍历字典对象的所有键。

```
>>> for k in score_dict.keys():
...     print(k)
...
李四
王五
赵六
```

字典本身也是可迭代对象，可以用于遍历字典对象的所有键，因此上面的代码可以简写为如下形式。

```
>>> for k in score_dict:
...     print(k)
...
李四
王五
赵六
```

字典类型的 values()方法，可返回一个可迭代对象，从而能够遍历字典对象中的所有值。

```
>>> for v in score_dict.values():
...     print(v)
...
75
69
93
```

字典类型的 items()方法，可返回一个可迭代对象，从而能够遍历字典对象的所有键值对。

```
>>> for k, v in score_dict.items():
...     print(k, v)
...
李四 75
王五 69
赵六 93
```

需要注意的是，上面介绍的各种遍历字典元素的方法，都不能保证按照某种顺序遍历。使用字典类型时，请不要编写依赖于遍历顺序的代码。

5.4.2 字典应用示例：词频统计

统计文章中单词的出现次数，即词频统计，是字典的一个典型的应用。

下面的列表对象，存放了披头士乐队的一首歌（《She loves you》）的歌词，其中，每个元素都是一个单词。

```
she_loves_you = ['she', 'loves', 'you', 'yeah', 'yeah', 'yeah',
'she', 'loves', 'you', 'yeah', 'yeah', 'yeah',
'she', 'loves', 'you', 'yeah', 'yeah', 'yeah',

'you', 'think', "you've", 'lost', 'your', 'love',
'well', 'i', 'saw', 'her', 'yesterday-yi-yay',
"it's", 'you', "she's", 'thinking', 'of',
'and', 'she', 'told', 'me', 'what', 'to', 'say-yi-yay',
```

```
'she', 'says', 'she', 'loves', 'you',
'and', 'you', 'know', 'that', "can't", 'be', 'bad',
'yes', 'she', 'loves', 'you',
'and', 'you', 'know', 'you', 'should', 'be', 'glad',

'she', 'said', 'you', 'hurt', 'her', 'so',
'she', 'almost', 'lost', 'her', 'mind',
'and', 'now', 'she', 'says', 'she', 'knows',
"you're", 'not', 'the', 'hurting', 'kind',

'she', 'says', 'she', 'loves', 'you',
'and', 'you', 'know', 'that', "can't", 'be', 'bad',
'yes', 'she', 'loves', 'you',
'and', 'you', 'know', 'you', 'should', 'be', 'glad',

'oo', 'she', 'loves', 'you', 'yeah', 'yeah', 'yeah',
'she', 'loves', 'you', 'yeah', 'yeah', 'yeah',
'with', 'a', 'love', 'like', 'that',
'you', 'know', 'you', 'should', 'be', 'glad',

'you', 'know', "it's", 'up', 'to', 'you',
'i', 'think', "it's", 'only', 'fair',
'pride', 'can', 'hurt', 'you', 'too',
'pologize', 'to', 'her',

'Because', 'she', 'loves', 'you',
'and', 'you', 'know', 'that', "can't", 'be', 'bad',
'Yes', 'she', 'loves', 'you',
'and', 'you', 'know', 'you', 'should', 'be', 'glad',

'oo', 'she', 'loves', 'you', 'yeah', 'yeah', 'yeah',
'she', 'loves', 'you', 'yeah', 'yeah', 'yeah',
'with', 'a', 'love', 'like', 'that',
'you', 'know', 'you', 'should', 'be', 'glad',
'with', 'a', 'love', 'like', 'that',
'you', 'know', 'you', 'should', 'be', 'glad',
```

```
'with', 'a', 'love', 'like', 'that',
'you', 'know', 'you', 'should', 'be', 'glad',
'yeah', 'yeah', 'yeah',
'yeah', 'yeah', 'yeah', 'yeah'
]
```

定义一个函数，统计歌词中各个单词的出现次数。在函数中使用字典对象存放单词和对应的次数。字典的键是 str 类型，用于存放单词；字典的值是 int 类型，用于存放单词的出现次数。统计完成后，将存放统计结果的字典对象返回。

```
def words_to_frequencies(words):
    '''
    统计列表中各个单词的出现次数，返回 dict。
    words 是一个单词列表。
    '''
    word_dict = {}
    for word in words:
        if word in word_dict:    # word 已经出现过，将计数增加 1
            word_dict[word] += 1
        else:                    # word 还没有出现过，创建新的键值对
            word_dict[word] = 1
    return word_dict
```

得到词频统计结果的字典对象后，希望进一步找出出现次数最多的单词。下面定义一个函数完成这个任务。因为有可能发生多个单词出现的次数都一样的情况，所以函数最终返回一个元组，第一个元组是出现次数最多的单词的列表，第二个元素是次数。

```
def most_common_words(word_dict):
    '''
    找出现次数最多的单词。
    word_dict：词频统计结果字典。
    返回元组，其中第一个元素是单词列表，第二个元素是出现次数。
    '''
    best = max(word_dict.values())    # 单词出现的最大次数
    words = []
    for k in word_dict:
        if word_dict[k] == best:      # 单词出现次数等于最大次数，添加到结果列表
            words.append(k)
    return (words, best)
```

依次调用上面两个函数查看结果。可以看到，在《She loves you》这首歌中，出现次数最多

的单词是 you，一共出现了 36 次。

```
>>> word_dict = words_to_frequencies(she_loves_you)
>>> common_words, common_word_count = most_common_words(word_dict)
>>> common_words
['you']
>>> common_word_count
36
```

5.5　集　合

与元组、列表类似，Python 中的集合数据结构，可用于存储一系列的元素。同时，集合数据结构又具有数学上集合的性质，且集合中的元素是唯一的。

5.5.1　集合的基本操作

与字典相同，集合也是使用英文大括号{}创建。需要注意的是，重复的元素只会保存一份，示例代码如下。

```
>>> s = {'apple', 'orange', 'apple', 'pear', 'orange', 'banana'}
>>> s
{'pear', 'orange', 'apple', 'banana'}
```

另外，还可以使用集合的构造函数 set()应用在可迭代对象上，创建集合对象，示例代码如下。

```
>>> set('abracadabra')
{'d', 'c', 'b', 'r', 'a'}
```

集合类型支持 len()函数，示例代码如下。

```
>>> len( {1,2,3} )
3
```

集合类型支持 in 操作，测试某个对象是否存在其中，示例代码如下。

```
>>> 'b' in {'a', 'b', 'c'}
True
>>> 'e' in {'a', 'b', 'c'}
False
```

5.5.2　集合的关系操作

除了单个集合自身的操作，集合对象之间还支持数学意义上的关系运算操作。Python 支持的集合关系操作包括：两个或多个集合的并、交、差、对称差。

下面以两个集合的关系运算操作为例进行说明。

（1）构造两个元素为字母的集合 a 和 b，代码如下。

```
>>> a = set('abracadabra')
>>> b = set('alacazam')
>>> a
{'d', 'a', 'c', 'b', 'r'}
>>> b
{'a', 'z', 'c', 'm', 'l'}
```

（2）a 和 b 的并操作，返回一个新的集合，由所有属于 a 或者属于 b 的元素构成，代码如下。

```
>>> a | b
{'d', 'a', 'z', 'c', 'm', 'b', 'l', 'r'}
```

（3）a 和 b 的交操作，返回一个新的集合，由所有属于 a 并且属于 b 的元素构成，代码如下。

```
>>> a & b
{'a', 'c'}
```

（4）a 和 b 的差操作，返回一个新的集合，由所有属于 a 但不属于 b 的元素构成，代码如下。

```
>>> a - b
{'d', 'b', 'r'}
```

（5）a 和 b 的对称差操作，返回一个新的集合，由所有属于 a 或者属于 b，但不同时属于 a 和 b 的元素构成，代码如下。

```
>>> a ^ b
{'l', 'd', 'b', 'z', 'm', 'r'}
```

5.6　数据抽象

本章所学习的 Python 数据结构，均属于复合的数据类型。与 int、float 这种基本的数据类型不同，复合数据类型由更小级别的元素复合而成。在程序设计中，用户希望表现的现实事物，很大一部分也具有复合的结构。例如，一个地理上的位置可以使用经度、纬度来表示。在程序中表现地理位置，如果既能够将一个地理位置作为一个整体单元来操作，又能够单独操作其中的经度或维度，将有助于用户设计出更加清晰的程序结构和更加灵活的程序接口。复合数据类型可以提供这种功能，满足我们的需求。

复合数据类型有助于提升程序的模块性。在地理位置的示例中，将一个地理位置作为一个整体单元来操作，可以进一步将使用地理位置的代码与如何表现地理位置内部细节的代码隔离。这种将使用数据的代码与表现数据的代码相隔离的方法称为数据抽象，是一种强大的程序设计技术。数据抽象使得程序的设计、维护和使用都变得更加容易。

数据抽象的基本思路是，通过一种构建程序的方式，使得程序可在抽象的数据上操作。也就是说，使用数据的那部分程序代码，对所操作的数据做尽可能少的假设；与此同时，单独构建一块独立的代码，用于具体表现数据。这两部分代码，操作抽象数据的代码，以及实现具体数据细节的代码，可通过一个小的函数集合连接起来。

5.6.1　精确的有理数

数学上的有理数可以使用分数的形式来表现。例如，1/5、5/21，即分子/分母的形式，其中的分子和分母都是整数。

如果直接使用 Python 的 int 和除法操作“/”来表现有理数，只能够得到近似的 float 类型，丢失了一些精度。例如：

```
>>> 1/3  # 结果是一个近似的 float 值
0.3333333333333333
>>> 1/3 == 0.33333333333333300000  # 精度是有限的
True
```

如果希望表现精确的有理数，则需要使用某种复合数据类型，将分子和分母记录下来。

这里从使用者的角度出发，开始构造精确有理数的程序。假设具体的实现代码已经存在，并且对使用者提供了 3 个接口函数。这 3 个接口函数，形成了一种抽象的数据。使用者通过接口函数就可以操作这种抽象的数据，而不用关心具体的数据实现方式。

- rational(n, d)

构造函数，返回一个有理数，其分子为 n，分母为 d。

- numer(x)

返回有理数 x 的分子。

- denom(x)

返回有理数的分母。

即使这 3 个函数还没有具体的实现，作为使用者，在假设它们存在的基础上，就可以开始编写实现有理数的代码了。例如：

（1）实现有理数的加法，代码如下。

```
def add_rationals(x, y):
    '''
    计算有理数 x 和有理数 y 之和，返回一个新的有理数。
    '''
    nx, dx = numer(x), denom(x)
    ny, dy = numer(y), denom(y)
    return rational(nx * dy + ny * dx, dx * dy)
```

（2）有理数的乘法，代码如下。

```
def mul_rationals(x, y):
    '''
    计算有理数 x 和有理数 y 的乘积，返回一个新的有理数。
    '''
    return rational(numer(x) * numer(y), denom(x) * denom(y))
```

（3）打印有理数，代码如下。

```
def print_rational(x):
    print(numer(x), '/', denom(x))
```

（4）判断两个有理数是否相等，代码如下。

```
def rational_equal(x, y):
    '''
    判断有理数 x 和有理数 y 是否相等，返回 bool 类型。
    '''
    return numer(x) * denom(y) == numer(y) * denom(x)
```

5.6.2　使用元组实现有理数

接下来需要具体实现上一节的 3 个接口函数：rational()、numer()、denom()。在这里，我们需要使用某种复合数据结构，将分子和分母组合成为一个整体。接口函数只需具备构造复合结构的能力，以及选取其中的组成部分的能力即可。因此，可以使用元组来具体实现这种抽象的数据。如下代码为一种非常简单的实现方式。

```
def rational(n, d):
    return (n, d)


def numer(x):
```

```
        return x[0]


def denom(x):

        return x[1]
```

实现接口函数后，就可以使用 5.6.1 节中定义的操作函数了。

```
>>> half = rational(1, 2)
>>> print_rational(half)
1 / 2
>>> third = rational(1, 3)
>>> print_rational(mul_rationals(half, third))
1 / 6
>>> print_rational(add_rationals(third, third))
6 / 9
```

可以看到，使用这种实现方式可以计算出结果，但是结果没有约分成最简分数的形式。通过修改 rational()函数，可以改进这一点。

```
from fractions import gcd
def rational(n, d):
    g = gcd(n, d)  # 计算分子 n 和分母 d 的最大公约数
    return (n//g, d//g)  # 返回最简分数形式的有理数
```

改用新的实现方式后，再次运行，就能够得到最简分数的结果。

```
>>> print_rational(add_rationals(third, third))
2 / 3
```

5.6.3　抽象屏障

在 5.6.2 节中，通过实现构造函数 rational()、分子选择函数 numer()以及分母选择函数 denom()，完成了有理数具体表现细节部分的代码。在这些接口函数的内部，使用元组以及相关操作来实现和操作有理数的细节。而作为使用者的 add_rationals()和 mul_rationals()等函数，只需通过这 3 个接口来操作有理数即可。因此，在与有理数相关的代码中，不同部分的代码使用了不同的操作，从而构成了不同的层次，如表 5-1 所示。

表 5-1 最后一列中的操作形成了抽象屏障。完成每一层功能的程序代码，只需使用该层的相关操作即可，而无须使用下面更低层次的接口。

抽象屏障使得程序更容易维护和修改。每一层的代码仅仅依赖少量的接口，只要接口保持不变，下层的修改不会影响上层的代码。例如，最下层的实现改为使用列表数据结构，上面两层的

94

代码不会受到任何影响，用户无须做任何改动。

表 5-1　　　　　　　　　　　　　　　抽象屏障

程序的不同部分	如何看待有理数	仅仅使用这些操作
使用有理数进行更复杂计算的代码	将有理数看作一个整体	add_rationals、mul_rationals、print_rational、rational_equal
创建有理数或者实现有理数基本运算（如加法）的代码	分子和分母	rational、numer、denom
实现有理数的构造函数和选择函数的代码	两个元素的元组	元组的创建和下标操作

案例 3　链表和树

【案例名称】链表和树

注意：在阅读案例和实践过程中，请参考本书提供的源代码。

【案例目的】

1. 使用 Python 内置的 list 表示 pair 结构；

2. 使用 pair 结构实现链表；

3. 使用嵌套链表表示树结构。

【案例思路】

1. 使用 list 表示 pair 结构

一个 pair 对象具有两个属性，first 和 second。

使用 list 表示：[first, second]。

pair 可以进一步组合：[1, [2, 3]]。

2. 使用 pair 结构实现链表（linked list）

链表是递归的数据结构。pair 中的 first 存放一个元素，pair 中的 second 存放其余元素，其余的元素同时也是一个链表。存放最后一个元素的 pair 的 second 指向空的 list。如下面的链表

```
[1, [2, [3, []]]]
```

该链表结构如下图所示。

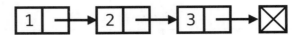

3. 使用嵌套链表表示树结构

在链表中存放嵌套的链表，可用于构成树。使用嵌套链表存放表达式这样构成的树称为表达式树。下图展示了一个表达式树的例子，左边是一种前缀表达式，中间是这个表达式对应的树示意图，右边是这个表达式对应的 pair 存储结构。

表达式	表达式树	表达式对应的 pair 存储结构

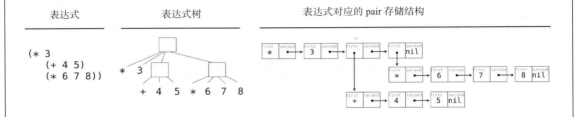

【案例环境】

操作系统：Linux。

开发环境：PyCharm。

【案例步骤】

➢ **步骤一** 在 IDE 中创建名为 tree 的项目，创建 sugon.edu 包，并将 tree.py 和 main.py 复制到对应位置（见下图）。

➢ **步骤二** 运行项目的测试代码，并观察结果

在 main.py 上单击鼠标右键，再单击运行命令，如下图所示。

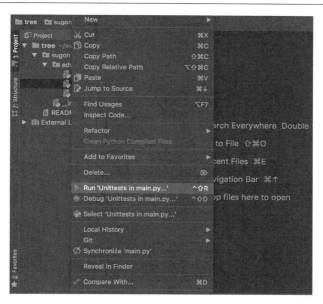

> ➢　**步骤三　补充完成 make_list 函数代码**

（1）补充完成 tree.py 文件中 make_list 函数标记为'***处的代码。

（2）然后再次如步骤二所示运行测试代码，并观察运行结果有什么不同？

> ➢　**步骤四　补充完成 map_list 函数代码**

（1）补充完成 tree.py 文件中 map_list 函数标记为'*** 处的代码。

（2）然后再次如步骤二所示运行测试代码，并观察运行结果有什么不同？

> ➢　**步骤五　补充完成 test_tree 测试用例代码**

（1）补充完成 main.py 文件中 test_tree 测试用例标记为'***处的代码。

（2）然后再次如步骤二所示运行测试代码，并观察运行结果有什么不一样？

> ➢　**步骤六　填写 README 文件**

略。

> ➢　**步骤七　在命令行中运行项目**

执行如下代码运行项目。

```
cd <项目根目录>

PYTHONPATH=. python3 sugon/edu/main.py
```

上面一条命令的含义是，传递环境变量 PYTHONPATH 给 Python3 解释器，然后运行 main.py。
试解释这样做的目的是什么？请自行查阅资料，尝试回答这个问题。提示，这与 Python 模块加载
有关。

第6章
Python 面向对象程序设计

面向对象的程序设计是目前比较流行的程序设计方法，与面向过程的程序设计相比，它更符合人类的自然思维方式。在面向过程程序设计中，程序=数据+算法，数据和对数据的操作是分离的，如果要对数据进行操作，需要把数据传递到特定的过程或函数中。在面向对象程序设计中，程序=对象+消息，它把数据和对数据的操作封装在一个独立的数据结构中，该数据结构称为对象，对象之间通过消息的传递来进行相互作用。面向对象的程序设计具有重用性好、灵活性高和可扩展性强等优点。

Python 是一种真正面向对象的高级动态编程语言，Python 程序中用到的一切内容都可称为对象，函数也是对象。

本章将介绍 Python 中类的基本概念和应用，以及 Python 中的异常处理。

6.1　类和对象

6.1.1　类的定义与使用

类是用来描述具有相同的属性和方法的对象的集合，对象是类的实例。Python 使用 class 关键字来定义类，类名的首字母一般要大写，如下例所示。

```
class Person(object):          # 定义一个类，类名是 Person，派生自 Object 类
    def infor(self):           # 定义成员方法，方法名是 infor
        print("This is a person")
```

在示例中,类名 Person 之后的一对圆括号中的 Object,指的是新定义的 Person 类派生自 Object 基类。类名之后的一对圆括号中，也可以空着，代表没有派生自其他基类。首行定义了类名后，接着写一个冒号，并换行来定义类的内部实现。示例中定义了类的 infor 方法，其功能是输出一个字符串。

有别于普通的函数，类的实例的方法里必须有一个额外的第一个参数名称，按照惯例其名称是 self，用以特指对象本身。在通过对象名调用对象方法时，无须为该参数赋值。

定义完类之后，就可以实例化类的对象。然后，可以通过"对象名.成员"的方式来调用类的数据成员或成员方法。

例如：

```
>>> per=Person()                    # 实例化一个 Person 类的对象，对象名是 per
>>> per.infor()                     # 调用对象的 infor 方法，无须为 self 参数赋值
This is a person                    # 输出了一个字符串
```

类的成员分为公有和私有两类。如果成员名以两个下划线__开头，则表示其是私有成员，私有成员在类的外部不能直接访问，一般是在类的内部进行访问和操作。Python 提供了一种特殊方式访问私有成员，即"对象名._类名__xxx"。公有成员可以在类的内部使用，也可以在外部程序中使用。例如：

```
>>>class Person(object):
    def __init__(self, name, height):      # 构造函数
        self.__name=name                   # 私有成员
        self.height=height                 # 公有成员


>>>p=Person('Bruce',175)
>>>p.height                                # 在类外部可以访问公有成员
175
>>>p.__name                                # 在类外部不可以直接访问私有成员
Traceback (most recent call last):
  File "<pyshell#7>", line 1, in <module>
    q.__name
AttributeError: 'Person' object has no attribute '__name'

>>>p._Person__name                         # 在类外部访问私有成员
Bruce
```

Python 还提供了一个关键字 pass，可以用在类的定义中或程序语句中，表示空语句。如果某个功能暂时没有确定如何实现，或者为以后的软件优化预留空间，则可以使用关键字 pass 来"占

位"。例如：

```
>>>class A:
   pass
```

6.1.2 属性

属性，是指类或对象的一些特征，如学生的学号、姓名、性别、年龄等，课程的课程编号、课程名、学分等。

类中的数据成员分为私有数据成员和公有数据成员。公有数据成员可以在外部访问和修改，但是不能保证用户修改时新数据的合法性。属性结合了公有数据成员和成员方法的优点，既可以像成员方法那样对值进行必要的检查，也可以进行灵活的访问和修改。

在 Python 3.x 中，属性的实现比之前的版本更为完善，支持更加全面的保护机制。属性的状态分为只读、可修改、可删除、不可删除。如果属性为只读，则只能访问不可修改，也不可以被删除。

例如：

```
>>> class Person(object):
    def __init__(self,job):
        self.__job=job              #定义私有数据成员

    @property                       #修饰器，定义属性
    def job(self):                  #该属性为只读，不可以修改和删除
        return self.__job
>>> p=Person("doctor")
>>> p.job                           #访问 job 属性
'doctor'
>>> p.job="teacher"                 #试图修改只读属性，失败
Traceback (most recent call last):
  File "<pyshell#5>", line 1, in <module>
    p.job="teacher"
AttributeError: can't set attribute
>>> p.age=30                        #动态增加新数据成员 age
>>> p.age
30
>>> del p.age                       #动态删除数据成员
>>> del p.job                       #试图删除对象属性，失败
```

```
Traceback (most recent call last):
  File "<pyshell#9>", line 1, in <module>
    del p.job
AttributeError: can't delete attribute
>>>p.job
'doctor'
```

在下面的示例中，把属性设置为可读、可修改、不可删除。

```
>>> class Person:
    def __init__(self,job):
      self.__job=job                #定义私有数据成员

    def __get(self):                #返回私有数据成员的值
        return self.__job

    def __set(self,a):              #修改私有数据成员的值
        self.__job=a

    job=property(__get,__set)       #设置 job 为可读、可修改的属性，指定相应的读写方法

    def show(self):
        print(self.__job)


>>> p=Person("Doctor")
>>> p.job                          #读取属性值
'Doctor'
>>> p.job="Teacher"                #修改属性值
>>> p.job
'Teacher'
>>> p.show()                       #属性对应的私有变量的值也被修改
Teacher
>>> del p.job                      #试图删除属性，失败
Traceback (most recent call last):
  File "<pyshell#24>", line 1, in <module>
    del p.job
AttributeError: can't delete attribute
```

还可以将属性设置为可读、可修改、可删除，例如：

```
>>> class Person:
```

```
    def __init__(self,job):
        self.__job=job                          #定义私有数据成员

    def __get(self):                            #返回私有数据成员的值
        return self.__job

    def __set(self,a):                          #修改私有数据成员的值
        self.__job=a
    def __del(self):                            #删除对象的私有数据成员
        del self.__job

    job=property(__get,__set,__del)    #设置 job 属性为可读、可修改、可删除

    def show(self):
        print(self.__job)


>>> p=Person("Doctor")
>>> p.job                                       #读取属性值
'Doctor'
>>> p.job="Teacher"                             #修改属性值
>>> p.job
'Teacher'
>>> p.show()                                    #属性对应的私有变量的值也被修改
Teacher
>>> del p.job
>>>p.job                                         #访问属性对应的私有变量,该变量已被删除,访问失败
Traceback (most recent call last):
  File "<pyshell#28>", line 1, in <module>
    p.job
  File "D:/科研/Python 书籍编写/hello12.py", line 6, in __get
    return self.__job
AttributeError: 'Person' object has no attribute '_Person__job'
>>> p.job="Police"                              #为对象动态增加属性和相应的私有数据成员
>>> p.show()
Police
>>> p.job
'Police'
```

6.1.3　方法

方法（Method）用于描述对象的行为。如果把学生作为对象，那么，写作业、记笔记就是学生对象的方法。可以认为对象=属性+方法，属性描述了对象有什么特征，方法则描述了对象可以做什么。

在类中定义的方法分为 4 种：公有方法、私有方法、静态方法和类方法。公有方法和私有方法一般指的是属于对象的方法，这两类方法都可以访问属于类和对象的成员。公有方法可以通过对象名直接调用，私有方法不能通过对象名直接调用，只能在实例方法中通过 self 调用或在外部通过 Python 支持的特殊方式来调用。

前面已经介绍过，类的所有实例方法中必须有一个额外的名为 self 的参数，该参数必须是方法的第一个参数。在类的实例方法中，表示实例属性时，以 self 为前缀表示对象自身。在外部通过对象名调用方法时，无须为 self 参数赋值。而在外部通过类名调用对象的公有方法时，需要为 self 参数赋值，以说明访问的是哪个对象。

静态方法和类方法都可以通过类名和对象名调用，但只能访问属于类的成员。通常，将 cls 作为类方法的第一个参数，代表该类自身，在调用类方法时无须为该参数赋值。例如：

```
>>> class Rs:
    __total=0
    def __init__(self,i):                 # 构造函数
        self.__value=i
        Rs.__total+=1

    def show(self):                        # 定义普通实例方法
        print('self.__value:',self.__value)
        print('Rs.__total:',Rs.__total)

    @classmethod                           # 修饰器，用于声明类方法
    def classshow(cls):                    # 定义类方法
        print(cls.__total)

    @staticmethod                          # 修饰器，用于声明静态方法
    def staticshow():                      # 定义静态方法
        print(Rs.__total)

>>> r=Rs(3)
```

```
>>> r.classshow()                          # 通过对象名调用类方法
1
>>> r.staticshow()                          # 通过对象名调用静态方法
1
>>> r.show()
self.__value: 3
Rs.__total: 1
>>> q=Rs(5)
>>> Rs.classshow()                          # 通过类名调用类方法
2
>>> Rs.staticshow()                         # 通过类名调用静态方法
2
>>> Rs.show()                               # 试图通过类名直接调用实例方法，失败
Traceback (most recent call last):
  File "<pyshell#48>", line 1, in <module>
    Rs.show()
TypeError: show() missing 1 required positional argument: 'self'
>>> Rs.show(r)                   # 通过类名调用实例方法时，需通过 self 参数传递对象名
self.__value: 3
Rs.__total: 2
>>> r.show()                     # 通过对象名调用实例方法时，无须为 self 参数赋值
self.__value: 3
Rs.__total: 2
>>> Rs.show(q)
self.__value: 5
Rs.__total: 2
>>> q.show()
self.__value: 5
Rs.__total: 2
```

6.1.4 特殊方法

在 Python 的类中有很多方法的名字有特殊的重要意义。常见的特殊方法有__init__方法和__del__方法等。

__init__方法在类的一个实例被创建时执行，这个方法用于初始化对象，也称为构造函数，其名称的开头和结尾都是双下划线。__init__方法无须被显式地调用，在创建一个类的新实例的时候会自动调用，类名后圆括号内的参数，会传递给__init__方法。例如：

```
>>> class Person:
    def __init__(self, name) :           # 构造函数
        self.name = name
    def hello(self):
        print("Hello, my name is", self.name)


>>> p=Person('Bruce')                    # 创建一个类的实例，自动执行__init__方法
>>> p.hello()
Hello, my name is Bruce                  # 'Bruce'被传递给 name 参数
```

__del__方法在对象被删除之前调用，对象被删除即对象不再被使用，它所占用的内存将被释放。__del__方法也称为析构函数。如果用户没有编写析构函数，Python 将执行一个默认的析构函数进行内存清理工作。Python 中常见的特殊方法总结见表 6-1。

表 6-1　　　　　　　　　　Python 中常见的特殊方法

方法名称	方法说明
__init__(self,…)	在创建对象时调用
__del__(self)	在对象被删除之前调用
__str__(self)	在执行对象中的 print 语句或 str()时调用
__getitem__(self,key)	使用 x[key]索引操作符时调用
__len__(self)	对序列对象使用内建的 len()函数时调用

6.2　自定义类型示例：有理数的实现

6.2.1　有理数回顾

在第 5 章中，本书用元组这一数据类型实现了有理数，用一个元组的两个整数元素，分别代表有理数的分子和分母。例如，1/5、5/21，即分子/分母。Python 定义了如下一些函数表示有理数的运算。

● 　rational(n, d)
构造函数，返回一个有理数，其分子为 n，分母为 d。

● 　numer(x)
返回有理数 x 的分子。

- denom(x)

返回有理数的分母。

- add_rationals(x, y):

计算有理数 x 和有理数 y 之和，返回一个新的有理数。

- mul_rationals(x, y)

计算有理数 x 和有理数 y 的乘积，返回一个新的有理数。

- print_rational(x)

打印有理数。

6.2.2　使用类来实现有理数

在面向对象编程的方法中，可以把有理数作为一个类，分子和分母值均视为该类的属性，而 6.2.1 节中的函数可以定义为类的方法，从而将有理数的定义整合为一个整体。实现过程如下：

```
>>>class Rational():
    def __init__(self,n,d):        #构造函数，n 参数值传递的是分子，d 参数值传递的是分母
        self.__n=n
        self.__d=d

    def numer(self):               #返回有理数的分子
        return self.__n
    def denom(self):               #返回有理数的分母
        return self.__d

    def print_rational(self):                    #输出有理数
        print(self.__n,'/',self.__d)

    def __add__(self,y):                         #实现有理数的加法
        if not isinstance(y,Rational):
            print("The element must be Rational")
            return False
        self.__n=self.__n*y.__d+self.__d*y.__n
        self.__d=self.__d*y.__d
        return

    def __mul__(self,z):                         #实现有理数的乘法
```

```
        if not isinstance(y,Rational):
            print("The element must be Rational")
            return False
        self.__n=self.__n*z.__n
        self.__d=self.__d*z.__d
        return


def __equal__(self,a):                          #判断两个有理数是否相等
        if not isinstance(a,Rational):
            print("The element must be Rational")
            return False
        return self.__n*a.__d==self.__d*a.__n
```

将以上程序文件保存为 rational.py，接着就可以按如下方式使用有理数类了。

```
>>> r=Rational(1,5)                    #创建有理数对象
>>> r.numer()                          #返回该有理数的分子
1
>>> r.denom()                          #返回该有理数的分母
5
>>> r.print_rational()                 #输出该有理数
1 / 5

>>> q=Rational(1,4)                    #创建另一个有理数对象
>>> r.__add__(q)                       #两个有理数相加
>>> r.print_rational()                 #输出相加结果
9 / 20

>>> t=Rational(1,2)                    #创建第三个有理数对象
>>> r.__mul__(t)                       #两个有理数相乘
>>> r.print_rational()                 #输出相乘结果
9 / 40

>>> u=Rational(9,40)                   #创建第四个有理数对象
>>> r.__equal__(u)                     #判断两个有理数是否相等
True
```

6.3　继承和多态

继承是面向对象编程中的一项重要功能。继承指的是，新设计的类可以使用现有类的所有功能，并可以对这些功能进行扩展。继承是代码复用和设计复用的重要途径，也是实现多态的必要条件之一。

6.3.1　继承

通过继承创建的新类称为"子类"或"派生类"，被继承的类称为"基类"或"父类"，继承的过程就是从一般到特殊的过程。例如：

```
>>> class Person(object):                    #定义一个父类
    def basicinfo(self):                     #父类的方法
        print("This is a person.")


    class Student(Person):                   #定义一个子类，继承 Person 类
    def detailinfo(self):                    #在子类中定义其自身的方法
        print("I am a Student.")


>>> s=Student()
    >>> s.basicinfo()                        #调用继承的 Person 类的方法
This is a person.
>>> s.detailinfo()                           #调用本身的方法
I am a Student.
```

如果要为实例 s 传递参数，就要使用构造函数。那么，构造函数该如何继承，同时子类中又如何定义自己的属性？

经典的写法是：父类名称.__init__(self,参数 1,参数 2,…)

新的写法是：super(子类,self).__init__(参数 1,参数 2,…)

例如：

```
>>>class Person(object):
    def __init__(self,name,age):
        self.name=name
        self.age=age
        self.weight='weight'
```

```
def basicinfo(self):
    print("I am a person.")


class Student(Person):                          #定义一个子类，继承 Person 类
def __init__(self,name,gender,score):           #先继承再重构
    super(Student,self).__init__(name,gender)   #继承父类的构造方法
    self.score=score                            #定义 Student 类自己的属性
def detailinfo(self):
    print("I am a student")
```

在上例中，super(Student,self).__init__(name,gender)的作用是初始化父类，否则，继承自 Person 的 Student 将没有 name 和 gender 属性。函数 super(Student,self)将返回当前类继承的父类，即 Person，然后调用__init__()方法，注意 self 参数已在 super()中传入，在__init__()中将隐式地传递，无须写出。也可以用经典写法 Person.__init__(self,name,gender)来继承父类的构造方法。

如果需要修改父类中的方法，则可以在子类中重构该方法。例如：

```
>>>class Person(object):
    def __init__(self,name,age):
        self.name=name
        self.age=age
        self.weight='weight'


    def basicinfo(self):
        print("I am a person.")


    class Student(Person):
    def __init__(self,name,gender,score):
        super(Student,self).__init__(name,gender)
        self.score=score


    def basicinfo(self):                         #重构父类的 basicinfo()方法
        print("My name is ", self.name)


    def detailinfo(self):
        print("I am a student")


>>> s=Student("Bruce","Female",80)
```

```
>>> s.basicinfo()                              #调用重构的父类的方法
My name is Bruce
```

6.3.2 多态

由于 Student 类继承了 Person 类,因此 Student 类的任何一个实例,它既是 Student 类也是 Person 类。那么,当 Person 类和 Student 类都有同一个方法时,Student 类的实例会执行哪一个方法的代码呢? 例如:

```
>>>class Person(object):
    def __init__(self,name,gender):
        self.name=name
        self.gender=gender

    def whoAmI(self):                          #定义 whoAmI()方法
        return "I am a Person,my name is %s " % self.name

    class Student(Person):                     #Student 类继承的是 Person 类
    def __init__(self,name,gender,score):
        super(Student,self).__init__(name,gender)
        self.score=score
    def whoAmI(self):                          #定义 whoAmI()方法
        return "I am a Student,my name is %s " % self.name

    class Teacher(Person):
    def __init__(self,name,gender,course):
        super(Teacher,self).__init__(name,gender)
        self.course=course
    def whoAmI(self):                          #定义 whoAmI()方法
        return "I am a Teacher,my name is %s " % self.name
```

以上代码定义了 Person 类和它的两个子类 Student 类和 Teacher 类。3 个类都有 whoAmI()方法,方法名相同但内容不同。下面定义一个 who_am_i()函数,该函数用于调用这些类的 whoAmI()方法,并打印出方法的返回值。

```
>>>def who_am_i(x)                             # 定义 who_am_i()函数
    print x.whoAmI()                           # 打印实例的 whoAmi()方法返回值

>>> p=Person('John','Male')
```

```
>>> s=Student('Lily','Female',80)
>>> t=Teacher('Henry','Male',"Math")
>>> who_am_i(p)
I am a Person,my name is John
>>> who_am_i(s)
I am a Student,my name is Lily
>>> who_am_i(t)
I am a Teacher,my name is Henry
```

在上例中，who_am_i()函数由于参数对象的类型不同，调用的 whoAmI()方法也不同。也就是说，方法调用将作用在 x 的实际类型上。s 是 Student 类型，它拥有自己的 whoAmI()方法以及从 Person 继承的 whoAmI 方法，但调用 s.whoAmI()总是先查找它自身的定义。如果函数中没有定义，则顺着继承链向上查找，直到在某个父类中找到为止。以上这种行为就称为多态。

由于 Python 是动态语言，所以，传递给函数 who_am_i(x)的参数 x 不一定是 Person 或 Person 的子类型，实际上是任何数据类型的实例都可以，只要它有一个 whoAmI()方法就行。例如：

```
>>> class Book(object):
    def whoAmI(self):
        return 'I am a book'
```

动态语言和静态语言最大的差别之一是：动态语言调用实例方法，不检查类型，只需方法存在、参数正确，就可以调用。

6.3.3　示例

下面的代码定义了一个学校成员类，并通过继承，定义了其子类——教师类和学生类。

```
>>> class SchoolMember(object):
    member=0
    def __init__(self,name,age,sex):
        self.name=name
        self.age=age
        self.sex=sex
        self.enroll()                    #初始化时会执行 enroll()方法

    def enroll(self):                    #定义 enroll()方法
        print('just enrolled a new school member ', self.name)
        SchoolMember.member+=1           #每新建一个 ScoolMember 实例，member 的值就加 1

    def tell(self):                      #输出实例的基本信息
```

```
        print('----%s----' % self.name)
        for k,v in self.__dict__.items():
            print(k,v)
        print('----end----')

    def __del__(self):                    #每删除一个实例，member 值减 1
        print('开除了[%s]' % self.name)
        SchoolMember.member -=1


class Teacher(SchoolMember):              #Teacher 类继承了 SchoolMember 类
    def __init__(self,name,age,sex,salary,course):
        SchoolMember.__init__(self,name,age,sex)
        self.salary=salary
        self.course=course

    def teaching(self):                   #定义 Teacher 类自己的方法
        print('Teacher [%s] is teaching [%s]' % (self.name,self.course))

class Student(SchoolMember):              #Student 类继承了 SchoolMember 类
    def __init__(self,name,age,sex,course,tuition):
        SchoolMember.__init__(self,name,age,sex)
        self.tuition=tuition
        self.course=course
        self.amount=0

    def pay_tuition(self,amount):         #定义 Student 类自己的方法
        print('student [%s] has just paied [%s]' % (self.name, amount))
        self.amount += amount

>>> t1=Teacher('ZhangSir',30,'Male',5000,'python')   #创建了一个 Teacher 类的实例
just enrolled a new school member  ZhangSir           #执行了父类的 enroll() 方法
>>> t1.tell()                                         #执行了自身的 tell() 方法
----ZhangSir----
name ZhangSir
age 30
sex Male
```

```
salary 5000
course python
----end----
>>> s1=Student('Lily',20,'Female','python',10000)    #创建了一个 Student 类的实例
just enrolled a new school member  Lily               #执行了父类的 enroll()方法
>>> s1.tell()                                         #执行了自身的 tell()方法
----Lily----
name Lily
age 20
sex Female
tuition 10000
course python
amount 0
----end----
>>> s2=Student('Bruce',22,'Male','python',12000)
just enrolled a new school member  Bruce
>>> print(SchoolMember.member)                        #输出父类的数据成员
3
>>> del s2
开除了[Bruce]
>>> print(SchoolMember.member)
2
```

6.4　异常处理

即使程序员的经验再丰富，也无法预见代码运行时可能会遇到的所有情况。程序在运行过程中发生错误或异常是很常见的事。一般地，软件在发布前都会经过严格测试，模拟各种可能出现的异常，但测试再充分也不可能枚举所有可能出现的情况。因此，异常处理是避免特殊情况下软件崩溃的必要措施。

6.4.1　异常

作为 Python 初学者，在刚学习 Python 编程时，经常会看到一些报错信息。Python 中程序的错误可分为两类：语法错误和异常。

Python 的语法错误也称为解析错误，是初学者经常碰到的，例如：

```
>>>def main()
    print('hello world')
  main()
```

当运行这段程序时，系统会报错：

```
SyntaxError : invalid syntax
```

因为函数 main()被检查到有错误，它后面缺少了冒号。语法分析器指出了出错的一行，并且在最先找到的错误位置标记了箭头。存在语法错误的程序将不会被 Python 执行。

即便 Python 程序的语法是正确的，在运行时，也有可能发生错误。在运行期检测到的错误被称为异常。大多数的异常都不会被程序处理，都以错误信息的形式展现，例如：

```
>>> 3/0                                #除 0 错误
Traceback (most recent call last):
  File "<pyshell#0>", line 1, in <module>
    3/0
ZeroDivisionError: division by zero
>>> 4+s*3                              #变量名不存在
Traceback (most recent call last):
  File "<pyshell#1>", line 1, in <module>
    4+s*3
NameError: name 's' is not defined
>>> 'b'+2                             #操作数类型不匹配
Traceback (most recent call last):
  File "<pyshell#2>", line 1, in <module>
    'b'+2
TypeError: must be str, not int
```

异常以不同的类型出现，这些类型都作为信息的一部分打印出来，如上例中的类型有 ZeroDivisionError、NameError、TypeError。错误信息的前面部分显示了异常发生的上下文，并以调用栈的形式显示具体信息。

6.4.2　捕捉和处理异常

异常处理指的是因为程序执行过程中出错而在正常控制流之外采取的行为。Python 提供了多种不同形式的异常处理结构，基本思路都是一致的：先尝试运行代码，然后处理可能发生的错误。在实际使用时，可以根据需要来选择使用哪一种。

1. try…except…结构

try…except…结构是 Python 异常处理结构中最基本的一种结构。其中，try 子句的代码模块描述可能会引发异常的代码，except 子句用来捕捉相应的异常。该结构语法如下：

```
try:
   <语句>              #可能会引发异常的代码，先尝试执行
Except Exception [as reason]:
   <语句>              #如果 try 中的代码抛出异常并被 except 捕捉，就执行这里的代码
```

try…except…语句将按照如下方式工作：

- 首先，执行 try 子句；
- 如果没有异常发生，忽略 except 子句，try 子句执行后结束；
- 如果在执行 try 子句的过程中发生了异常，则 try 子句余下的部分将被忽略；如果异常的类型和 except 之后的名称相符，那么对应的 except 子句将被执行；最后，执行 try 子句之后的代码；
- 如果一个异常没有与任何的 except 匹配，那么这个异常将会传递给上层的 try 中；
- 如果所有层都没有捕捉到该异常，则程序崩溃，该异常的报错信息将呈现给最终用户。

例如：

```
>>>import sys


   try:
      f = open('myfile.txt')
      s = f.readline()
      i = int(s.strip())
   except OSError as err:
      print("OS error: {0}".format(err))
   except ValueError:
      print("Could not convert data to an integer.")
   except:
      print("Unexpected error:", sys.exc_info()[0])
   raise
```

在上例中，一个 try 语句可以包含多个 except 子句，它们分别用于处理不同的异常，最多只有一个分支会被执行。最后一个 except 子句忽略异常的名称，它将被当作通配符使用，可以使用这种方法打印一个错误信息，然后再次把异常抛出。

另外，一个 except 子句可以同时处理多个异常，这些异常将被放在一个括号里成为一个元组，例如：

```
except (RuntimerError, TypeError, NameError):
    pass
```

2. try…except…else…结构

在 try except 语句中，else 子句为可选子句。如果使用 else 子句，则必须放在所有的 except 子句之后，这个 else 子句将在 try 子句没有发生任何异常时执行。例如：

```
for arg in sys.argv[1:]:
    try:
        f = open(arg, 'r')
    except IOError:
        print('cannot open', arg)
    else:
        print(arg, 'has', len(f.readlines()), 'lines')
f.close()
```

使用 else 子句比把所有的语句都放在 try 子句里面要好，这样可以避免一些难以预料的、而 except 又没有捕获的异常。

3. 抛出异常

Python 使用 raise 语句抛出一个指定的异常，例如：

```
>>>raise NameError('HiThere')
    Traceback (most recent call last):
    File "<stdin>", line 1, in ?
    NameError: HiThere
```

raise 唯一的参数指定了要被抛出的异常，它必须是一个异常的实例或者是异常的类（也就是 Exception 的子类）。如果你只想知道它是否抛出了一个异常，而无须去处理它，那么，使用一个简单的 raise 语句就可以再次把它抛出。

```
>>>try:
    raise NameError('HiThere')
except NameError:
    print('An exception flew by!')
    raise

An exception flew by!
Traceback (most recent call last):
    File "<stdin>", line 2, in ?
NameError: HiThere
```

4. finally 定义清理行为

finally 作为 try 语句的可选子句，可以定义在任何情况下都会执行的清理行为。例如：

```
>>>try:
    raise TypeError
  finally:
    print('Goodbye!')


Goodbye!
Traceback (most recent call last):
  File "<stdin>", line 2, in <module>
TypeError
```

在上例中，无论 try 子句里是否发生异常，finally 子句都会执行。

如果一个异常在 try、except 或者 else 子句里被抛出，而没有被任何 except 子句捕捉，则这个异常会在 finally 子句执行后被重新抛出。

6.4.3　Python 内置的异常类

Python 内置的异常类的继承层次关系如下所示，其中，BaseException 是所有内置异常类的基类。

```
BaseException
 +-- SystemExit
 +-- KeyboardInterrupt
 +-- GeneratorExit
 +-- Exception
     +-- StopIteration
     +-- StopAsyncIteration
     +-- ArithmeticError
     |    +-- FloatingPointError
     |    +-- OverflowError
     |    +-- ZeroDivisionError
     +-- AssertionError
     +-- AttributeError
     +-- BufferError
     +-- EOFError
     +-- ImportError
     |    +-- ModuleNotFoundError
```

```
     +-- LookupError
     |    +-- IndexError
     |    +-- KeyError
     +-- MemoryError
     +-- NameError
     |    +-- UnboundLocalError
     +-- OSError
     |    +-- BlockingIOError
     |    +-- ChildProcessError
     |    +-- ConnectionError
     |    |    +-- BrokenPipeError
     |    |    +-- ConnectionAbortedError
     |    |    +-- ConnectionRefusedError
     |    |    +-- ConnectionResetError
     |    +-- FileExistsError
     |    +-- FileNotFoundError
     |    +-- InterruptedError
     |    +-- IsADirectoryError
     |    +-- NotADirectoryError
     |    +-- PermissionError
     |    +-- ProcessLookupError
     |    +-- TimeoutError
     +-- ReferenceError
     +-- RuntimeError
     |    +-- NotImplementedError
     |    +-- RecursionError
     +-- SyntaxError
     |    +-- IndentationError
     |         +-- TabError
     +-- SystemError
     +-- TypeError
     +-- ValueError
     |    +-- UnicodeError
     |         +-- UnicodeDecodeError
     |         +-- UnicodeEncodeError
     |         +-- UnicodeTranslateError
     +-- Warning
```

```
+-- DeprecationWarning
+-- PendingDeprecationWarning
+-- RuntimeWarning
+-- SyntaxWarning
+-- UserWarning
+-- FutureWarning
+-- ImportWarning
+-- UnicodeWarning
+-- BytesWarning
+-- ResourceWarning
```

案例 4　S 表达式计算器

【案例名称】S 表达式计算器

本案例实现了一个计算器程序，能够进行加、减、乘、除四则运算。在该计算器中，四则运算不是以常规的中缀表达式来表示的，而是以一种名为 S 表达式的前缀表达式来表示的。

注意：在阅读案例和实践过程中。请参考本书提供的源代码。

【案例目的】

1．理解 S 表达式；

2．理解用于实现表达式的数据结构：表达式树；

3．理解从字符串到表达式树的过程：词法分析、语法分析；

4．理解从表达式树到计算结果的求值过程；

5．理解 REPL：读取→求值→打印→循环。

【案例思路】

1．S 表达式

S 表达式分为基本表达式和复合表达式。

（1）基本表达式

在 S 表达式计算器中，只有一种基本表达式，就是数字，如 56、3.14。

（2）复合表达式

复合表达式是指小括号括起来的列表，可以嵌套。列表第一个元素是操作符，支持加、减、乘、除四则运算。列表其余元素是操作数表达式，操作数表达式可以是基本表达式，也可以是复合表达式。例如：

```
(+ 1 2)
(* 12 (+ 6 9))
```

2. S 表达式计算器

读者可以访问 biwascheme 网站，在该网站上在线练习 S 表达式的计算方法。

3. 从字符串到表达式树

从字符串到表达式树这个阶段统称为 Parsing，包含词法分析以及语法分析。

（1）词法分析

从文本（字符串）到单词（Token）序列。

（2）语法分析

从 Token 序列到表达式数据结构，即表达式树。

（3）表达式树

还记得案例 3 是如何实现树结构的吗？使用 pair 构造 list，再使用嵌套的 list 构造树。

下图是表达式树的一个示例。

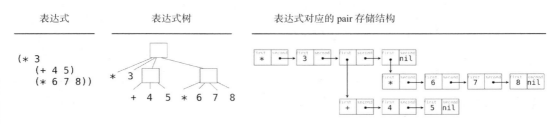

4. 从表达式树到计算结果

这个阶段称为求值（Evaluation）。求值的过程如下（下面用伪代码表示）：

输入一个表达式

如果是数值

求值结果是数值本身

如果是复合表达式（pair 列表构造的表达式树）

对除第一个元素外的所有元素递归求值

第一个元素作为操作符，其余元素求值结果作为参数

根据不同类型的操作符，应用（Apply）对应的函数得到结果

【案例环境】

操作系统：Linux。

开发环境：PyCharm。

【案例步骤】

> 　步骤一　熟悉 S 表达式和交互式计算器

搜索 biwascheme 网站，在浏览器中打开该网站。

尝试输入一些 S 表达式，查看计算结果，如下图所示。

Try it now

```
BiwaScheme Interpreter version 0.6.8
biwascheme> 55
=> 55
biwascheme> 2.71
=> 2.71
biwascheme> (+ 1 2)
=> 3
biwascheme> (* 12 (+ 6 9))
=> 180
biwascheme> (* 1
...            (- 5 3)
...            (/ 9 (+ 1 2)))
=> 6
biwascheme>
```

> 　步骤二　在 IDE 中创建名为 calculator 的项目

在 PyCharm 中创建名为 calculator 的项目，将 calc_buffer.py、calc_calc.py、calc_reader.py、calc_tokens.py 这 4 个文件复制到项目根目录。

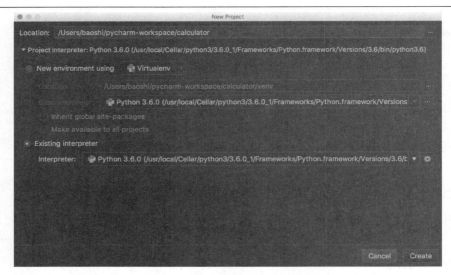

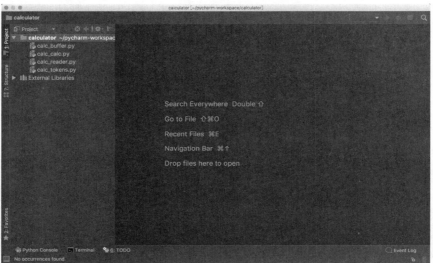

➢ **步骤三　启动 PyCharm 的 Python Console**

方法一　菜单：Tools –> Python Console。

方法二　单击底部的 Python Console 标签。

启动后如下图所示。

➢ **步骤四　熟悉 calc_tokens 模块的使用**

calc_tokens 模块实现了 S 表达式计算器的词法分析功能。请对照手册的原理部分，回顾词法分析在整个程序中的地位和作用。calc_tokens 模块对外提供了以下两个接口。

● tokenize_line 函数

将一行字符串处理为一个 Token 列表。

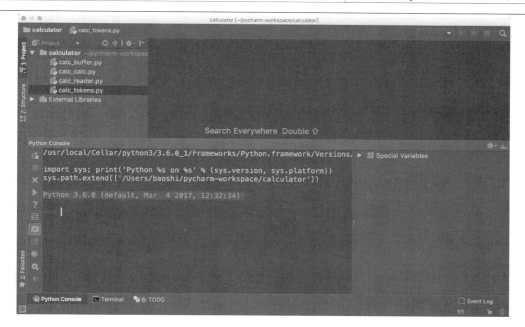

● tokenize_lines 函数

将多行字符串处理为多个 Token 列表。

使用方法如下。首先在 Python Console 中导入这两个函数：

```
>>> from calc_tokens import tokenize_line, tokenize_lines
>>>
```

其中，tokenize_line 输入一行字符串，输出一个 Token 的列表。例如：

```
>>> tokenize_line('(+ 1 (* 2.3 45))')
['(', '+', 1, '(', '*', 2.3, 45, ')', ')']
>>>
```

tokenize_lines 输入列表，每个元素是一行字符串。输出迭代器，每个元素是一个 Token 列表，对应一行字符串。例如：

```
>>> ls = ['(* 1', '(+ 2 3))']
>>> it = tokenize_lines(ls)
>>> next(it)
['(', '*', 1]
>>> next(it)
['(', '+', 2, 3, ')', ')']
>>> next(it)
Traceback (most recent call last):
  File "<input>", line 1, in <module>
StopIteration
>>>
```

请使用不同的输入方法，练习使用这两个函数。

> **步骤五 熟悉 calc_buffer 模块的使用**

calc_buffer 模块对外的接口是 Buffer 类。Buffer 基于 tokenize_lines()函数的返回结果，提供了更为便利的方法，用于遍历多行 Token 中的每一个元素。可以将 Buffer 视为一个 Token 的序列，每一次访问下一个 Token。Buffer 主要提供了如下几种方法。

● current()：想象 buffer 内部有一个指针，指向下一个要访问的 Token，称为当前 Token，该方法返回当前 Token。如果所有 Token 已经遍历结束，则返回 None。

● remove_front()：类似于 current()方法，返回当前 Token，不存在当前 Token 则返回 None。与 current 方法的区别在于，remove_front 会移除当前 Token。因此不断调用 remove_front，会一直前进，而不断调用 current 则会返回同一个 Token。

● print(buffer)：显示已经遍历过的 Token，以及当前 Token。

请在 Python Console 中构造多行表达式，创建 Buffer 对象，并演练上述方法。下面是一个示例：

```
from calc_tokens import tokenize_line, tokenize_lines
from calc_buffer import Buffer
lines = ['(+', '15', '12)']
it = tokenize_lines(lines)
buf = Buffer(it)
buf.remove_front()
'('
buf.remove_front()
'+'
buf.current()
15
buf.current()
15
print(buf)
1: ( +
2: >> 15
buf.remove_front()
15
buf.remove_front()
12
print(buf)
1: ( +
2: 15
3: 12 >> )
buf.remove_front()
')'
buf.remove_front()
```

> **步骤六 熟悉 calc_reader 模块中的 pair 和 nil 的使用**

如前所述，pair 用于构造链表，进一步使用嵌套的链表构造表达式树，nil 用于表达空链表。

下图是使用 pair 构造链表的一个示例。pair 的 first 存放一个数值，pair 的 second 要么指向 nil，要么指向一个链表。注意，这是一个递归的过程。

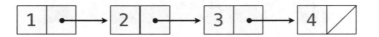

此外，pair 还实现了以下的操作。

- repr(pair)：返回表达式树的 Python 数据结构格式。
- str(pair)：返回表达式树的 S 表达式格式。
- len(pair)：返回链表的长度。
- pair.map(f)：对链表的每个元素应用函数 f()，返回新的链表。

请在 Python Console 中练习 pair 的操作。下面是一些示例：

```
from calc_reader import Pair, nil
ls = Pair(3, nil)
print(ls)
(3)
ls = Pair(2, ls)
print(ls)
(2 3)
ls = Pair(1, ls)
print(ls)
(1 2 3)
ls
Pair(1, Pair(2, Pair(3, nil)))
len(ls)
3
ls.first
1
print(ls.second)
(2 3)
new_ls = ls.map(lambda x: x + 10)
print(new_ls)
(11 12 13)
```

> **步骤七　练习 Parsing 过程中语法分析阶段的基本情形**

回顾手册中的原理部分，Parsing 过程包含词法分析阶段和语法分析阶段。词法分析由 calc_tokens 模块实现。语法分析由 calc_reader 模块的 scheme_read()函数实现。

scheme_read()函数（通过 Buffer）从 Token 序列中读取下一个表达式，并返回表达式对应的数据结构。scheme_read 读取的表达式有以下几种类型。

- 基本表达式

```
nil
```

表达"空"的概念，返回 nil 对象。

- 数字

如 3.14、12，返回数字对象。

- 复合表达式

例如，(* 12 (+ 6 9))，返回 pair 构造的链表，也就是表达式树。

在代码中，基本表达式的部分已经实现。可在 Python Console 中尝试，例如：

```
from calc_tokens import tokenize_line, tokenize_lines
from calc_buffer import Buffer
from calc_reader import scheme_read
lines = ['2', 'nil']
buf = Buffer(tokenize_lines(lines))
scheme_read(buf)
2
scheme_read(buf)
nil
```

> **步骤八　补充完成 Parsing 过程中语法分析阶段的代码**

scheme_read()函数读取复合表达式的代码并未完全实现。预期实现的效果如下（现阶段还没有实现）：

```
>>> lines = ['(* 2', '(+ 9 16))']
>>> buf = Buffer(tokenize_lines(lines))
>>> exp = scheme_read(buf)
>>> exp
Pair('*', Pair(2, Pair(Pair('+', Pair(9, Pair(16, nil))), nil)))
>>> print(exp)
(* 2 (+ 9 16))
```

读取小括号包围起来的复合表达式，该功能由 scheme_read()函数以及 read_tail()函数共同完成。基本算法表达如下。

● scheme_read()函数的基本算法用伪代码表示如下。

读取左边小括号(
调用 read_tail 读取列表的剩余部分

● read_tail()函数的基本算法用伪代码表示如下。

查看当前的 Token
如果是)：　　#基本情形
　　说明列表已经结束
　　读取)，并返回 nil
如果不是)：　　#递归情形
　　说明列表还未结束
　　调用 scheme_read 读取列表当前元素（表达式），记为 first
　　再调用自身读取除了当前元素的其余部分（列表），记为 second
　　将 first 表达式和 second 列表组合为完整的列表返回

请根据上述伪代码表示的算法，补充完成 calc_reader.py 文件中 scheme_read()函数以及 read_tail()函数的问题 1、2、3。

然后测试是否实现了本步骤开头所说的效果。

> **步骤九　熟悉求值过程的辅助函数**

请读者自行阅读代码中的文档，并在 Python Console 中练习 calc_calc 模块的下列函数。

● simplify()

● plist_reduce()

● as_scheme_list()

示例如下。

```
>>> from calc_calc import simplify, plist_reduce, as_scheme_list
>>> simplify(8.0)
8
>>> simplify(2.3)
2.3
>>> ls = as_scheme_list(2, 3, 5)
>>> ls
Pair(2, Pair(3, Pair(5, nil)))
>>> print(ls)
(2 3 5)
>>> from operator import add, mul
>>> add(2, 6)
8
>>> mul(2, 6)
12
>>> plist_reduce(add, ls, 0)
10
>>> plist_reduce(mul, ls, 1)
30
```

➤　**步骤十　补充完成求值过程的代码**

求值过程由 calc_calc 模块的 calc_eval() 函数和 calc_apply() 函数共同完成。请参考【案例思路】中的求值流程，补充完成问题 4 和问题 5。

完成代码后，在 Python Console 中运行 calc_eval 和 calc_apply 函数头的文档注释中的示例。

➤　**步骤十一　运行计算器的 REPL**

REPL 是"读取-求值-打印-循环"的缩写。REPL 是多数解释型语言都会提供的交互式开发运行环境。我们平时使用的 Python 交互式运行环境，如 Python Console，就是一种 REPL 环境。

S 表达式计算器是一种非常简单的解释型语言，同样提供了 REPL 环境。

在将上一个步骤的代码补充完整的情况下，就可以在命令行启动交互式计算器，代码如下：

```
baoshi:pycharm-workspace baoshi$ cd calculator/
baoshi:calculator baoshi$ python calc_calc.py
scm>
```

启动计算器的 REPL 后，尝试输入各种表达式进行计算的示例如下：

```
scm> 21
21
scm> 3.14
3.14
scm> (+ 1 2)
3
scm> (* 12 (+ 6 9))
180
scm> (* 1
       (- 5 3)
       (/ 9 (+ 1 2)))
6
scm> )
SyntaxError: 不该在此出现的token: )
scm> 2.3.4
TypeError: 2.3.4 不是一个数字或可调用表达式
scm> +
TypeError: + 不是一个数字或可调用表达式
scm> (/ 1 0)
ZeroDivisionError: division by zero
```

案例 5 Scheme 语言解释器

【案例名称】Scheme 语言解释器

本案例实现了一个编程语言的解释器程序，能够解释运行简化版的 Scheme 语言。Scheme 语言以 S 表达式作为语法形式，能够实现常规编程语言的功能。

注意：在阅读案例和实践过程中，请参考本书提供的源代码。

【案例目的】

1. 熟悉 Scheme 语言基础；

2. 理解 Scheme 语言从字符串到表达式树的过程：词法分析、语法分析；

3. 理解 Scheme 语言的求值过程：eval、apply；

4. 理解 Scheme 语言的 REPL 实现：读取-求值-打印-循环。

【案例思路】

1. Scheme 语言

（1）Scheme 语言由 S 表达式构成

1958 年，John McCarthy 设计了 Lisp 语言。Lisp 语言由 S 表达式构成。Scheme 语言属于 Lisp 的一种方言。读者可以访问 biwascheme 网站，在线尝试使用 Scheme 语言。

Scheme 语言的数据类型如下表所示。

Scheme 语言的数据类型表

原子类型 （基本类型）	数字	42、3.14
	布尔	#t、#f
	符号（symbol）	'hello
	nil	'()
	函数	(lambda (x) (+ x 1))
复合类型	pair	(1 . 2)
	list	'(1 2 3)

（2）函数调用表达式

函数调用表达式在形式上是一个（可以嵌套的）列表。求值规则是，求值第一个元素作为函数对象，求值其余元素作为函数的参数，应用该函数得到结果。例如：

```
(+ 1 2) => 3
(max 3 5 8) => 8
```

（3）特殊形式

与函数调用类似，但第一个元素不是函数，而是内置的特殊操作。每个特殊形式有自己的求值规则。例如：

```
(define x 2)
(if (> x 1)
    3
    9)
```

（4）变量

变量定义：将符号绑定到值上。例如：

```
(define x 3)
```

变量使用的示例如下：

```
(+ x 2)
```

（5）符号与引用

求值 x，得到 x 所绑定的值。

```
x => 3
```

可使用特殊形式 quote 得到 x 这个符号。

```
(quote x) => x
```

上述语句等价于：

```
'x => x
```

引用整个 list 表达式，我们可以得到一个列表数据结构。例如：

```
(quote (+ x 1))
```

或者

```
'(+ x 1)
```

（6）自定义函数

● lambda()

lambda()的特殊形式可用于定义一个匿名函数对象，例如：

```
(lambda (x) (+ x 1))
```

- define

可以使用 define 将一个名字绑定到一个函数对象，例如：

```
(define x
    (lambda (x) (+ x 1)))
```

流程控制特殊形式

- if

```
(if (> x 0)
    1
    2)
```

- and

```
(and (> x 1) (< x 10))
```

- or

```
(or (> x 0) (> y 0))
```

- not

```
(not (< x y))
```

2. 从表达式树到计算结果

这个阶段称为求值（Evaluation），Scheme 语言求值的结构如下图所示。

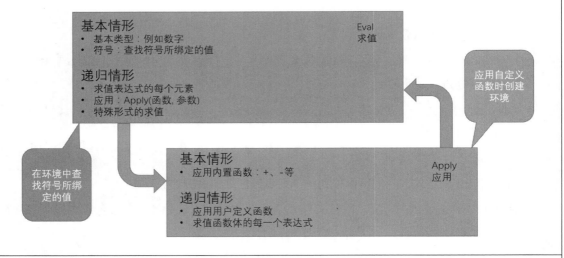

【案例环境】

操作系统：Linux。

开发环境：PyCharm。

【案例步骤】

注：下面步骤中提到的问题 1～问题 10 都包含在本书提供的源码文件中。

➤　**步骤一　在 IDE 中创建名为 scheme 的项目**

创建 sugon.edu 包，并将以下文件复制到对应位置。

```
scheme_buffer.py
scheme_reader.py
scheme.py
scheme_primitives.py
scheme_tokens.py
```

➤　**步骤二　在 Linux 的终端（命令行）中运行 Scheme 的解释器**

```
cd <项目根目录>
PYTHONPATH=. python3 sugon/edu/scheme.py
```

此时，我们的解释器只能对最简单的表达式求值。例如：

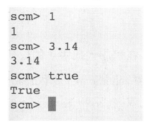

```
scm> 1
1
scm> 3.14
3.14
scm> true
True
scm>
```

按【Ctrl+D】组合键结束程序。

➤　**步骤三　熟悉代码整体结构**

与上一个计算器案例类似，整个解释器在 Read-Eval-Print（读取-求值-打印）循环中运行。

（1）Read

读取用户输入的字符串，并将其转换为 Python 的内部数据结构。

● 词法分析

与上个案例类似，已经在 scheme_tokens.py 中实现。见 tokenize_lines()函数，它返回 scheme_buffer.py 中定义的 Buffer 对象。

● 语法分析

语法分析由 scheme_reader.py 中的 scheme_read()和 read_tail()函数共同完成。这两个函数相互调用，实现了将 Scheme 语言的 Token 序列转换为表达式的数据结构。在案例中补充完成这两个函数的代码。

（2）Eval

求值 Scheme 表达式的数据结构，获得表达式的值。这一步骤的代码位于 scheme.py 文件中。

- 求值（Eval）

在 scheme_eval 函数中实现。如果被求值的表达式是特殊形式，则调用相应的 do_×××_form 函数。读者需补充完成 scheme_eval()函数，以及一部分 do_×××_form()函数。

- 应用（Apply）

在 scheme_apply()函数中实现。scheme_apply 调用 Procedure 对象的 apply 方法实现一个特定过程的应用。Procedure 有不同的子类 PrimitiveProcedure 以及 LambdaProcedure。对于用户自定义函数，LambdaProcedure 的 apply 方法会求值函数体，还会调用 scheme_eval()函数，形成 eval/apply 循环往复的结构。

（3）Print

打印求值结果的字符串形式。

（4）Loop

整个解释器循环在 scheme.py 的 read_eval_print_loop()函数中实现，读者无须关注该函数的细节。

➢ **步骤四 补充完成问题 1（在程序代码中）的代码，实现语法分析的功能**

问题 1：完成 scheme_reader.py 中 scheme_read()和 read_tail()函数。

scheme_read()从 Buffer 中读取一个完整的表达式，并从 Buffer 中移除相应的 Token。根据输入的第一个 Token，做不同的处理，如下所示。

（1）nil

返回 nil 对象（已实现）。

（2）(

调用 read_tail()函数读取表达式的剩余部分；

非分隔符；

返回自身（已实现）。

（3）其他情形

抛出异常（已实现）。

read_tail 从 Buffer 中读取一个列表的剩余部分，直到遇到括号结束的 ")"，并从 Buffer 中移除相应的 Token。read_tail 假定括号开始的 "(" 已经被移除了。同样地，根据输入的第一个 Token，做不同的处理。

（1）已经没有 Token

抛出异常（已实现）。

（2））

返回 nil 对象（已实现）。

（3）其他情形

读取下一个表达式（用什么函数？）；

递归调用自身，读取列表的剩余部分；

使用 pair 将结果组合为完整的列表，并返回该列表。

请补充完成 scheme_reader.py 文件中问题 1 标记为'*** 处的代码。注意，问题 1 共有两处代码需要完成。完成代码后，启动 Python Console，观察是否实现如下效果（首先导入相关模块和函数）。

```
>>> lines = ['(* 2', '(+ 9 16))']
>>> buf = Buffer(tokenize_lines(lines))
>>> exp = scheme_read(buf)
>>> exp
Pair('*', Pair(2, Pair(Pair('+', Pair(9, Pair(16, nil))), nil)))
>>> print(exp)
(* 2 (+ 9 16))
```

接下来，在 Linux 的命令行中，运行如下命令：

```
cd <项目根目录>
```

```
PYTHONPATH=. python3 sugon/edu/scheme_reader.py
```

这样就启动了交互式的语法分析程序，尝试输入一些表达式，例如：

```
read> 2
str : 2
repr: 2
read> 3.14
str : 3.14
repr: 3.14
read> ()
str : ()
repr: nil
read> nil
str : ()
repr: nil
read> (1 (2 3) (4 5))
str : (1 (2 3) (4 5))
repr: Pair(1, Pair(Pair(2, Pair(3, nil)), Pair(Pair(4, Pair(5, nil)), nil)))
read>
```

按【Ctrl+D】组合键结束程序。

> **步骤五　补充完成问题 2（在程序代码中）代码，实现解释器中求值的环境**

在第 4 章讲解函数时介绍过作用域和环境的概念。在程序运行过程中，始终存在一个全局环境。每次调用函数，都会导致一个新的环境被创建出来；函数调用完成后，对应的环境会被销毁。这些概念是通用的，在 Scheme 语言中同样如此。如果你的记忆已经模糊了，可访问 pythontutor

网站，通过动态演示复习一下环境的概念。

在这一步骤中，读者将要实现 Scheme 语言中的求值环境。在 scheme.py 文件中，由 class Frame 实现求值环境的功能。Frame 对象有以下几个属性。

（1）bindings

这是一个 Dict，key 是 Scheme 的符号（使用 Python 的字符串表示），value 是符号所绑定的值。

（2）parent

指向父 Frame。全局环境 Frame 的 parent 为 None。

读者需要实现以下 Frame 的两个方法。

① define

Scheme 语言的 define 特殊形式产生绑定，也就是说，在 Frame 对象中绑定符号和值。Frame 的 define 方法实现了这个功能。

② lookup

lookup 方法在环境中查找符号所绑定的值。环境是 Frame 链条，链条的最后一环是全局 Frame。查找过程从当前 Frame 开始（下面用伪代码表示流程）：

```
如果在当前 Frame 找到了该符号，返回其绑定的值；
否则，如果还有上一级 Frame，即 parent，在 parent 中查找；
否则，抛出异常（已实现）。
```

请补充完成 scheme.py 文件中问题 2 标记为'*** 处的代码。注意，问题 2 共有两处代码需要补充。

完成代码后，在 Linux 的命令行中，启动 scheme 解释器：

```
cd <项目根目录>
PYTHONPATH=. python3 sugon/edu/scheme.py
```

如果代码没有错误，就可以查找内置的 Scheme 过程了。例如：

```
scm> +
#[+]
scm> abs
#[abs]
scm> display
#[display]
scm> xyz
Error: 符号未绑定: xyz
scm> |
```

按【Ctrl+D】组合键结束程序。

➤ 　步骤六　补充完成问题 3（在程序代码中）的代码，实现 Scheme 内置基本过程的应用

前面在讲解代码整体结构时曾提到过，Scheme 表达式求值过程由 scheme_eval() 和

scheme_apply()函数共同完成。其中，对于 Scheme 内置基本过程的应用，scheme_apply()函数调用 PrimitiveProcedure 对象的 apply 方法，然后进一步调用预定义好的具体 Python 函数来实现。在 scheme_primitives.py 文件中定义了 Scheme 基本过程对应的 Python 函数。

PrimitiveProcedure 类的初始化方法接收 3 个参数，并将其保存为实例变量：

① fn——求值本过程所对应的 Python 函数；

② use_env——调用 fn 是否需要传递 env 作为最后一个参数；

③ name——过程的名称。

在这一步骤，读者需要补充完成 PrimitiveProcedure 的 apply 方法，伪代码如下所示。

> 首先，传入的参数列表 args 是 Scheme 的 list，需要转换为 Python 的 List（已实现）
>
> 在转换后的参数列表上调用 fn 函数（提示，Python 的可变参数*args 语法）。根据 use_env 判断：
>
> 如果 fn 无须传入 env，则直接调用 fn；
>
> 如果 fn 需要 env 作为最后一个参数，则在参数列表最后添加 env；
>
> 调用 fn 时，如果用户传入的 args 有错误，将会抛出 TypeError。读者需要捕捉这个异常，然后另外抛出 SchemeError 异常。

完成了这个步骤后，暂时还不能看到效果，需要结合下一个步骤才能求值 Scheme 的基本过程调用表达式。

> **步骤七　补充完成问题 4 的代码，实现复合表达式（过程调用表达式）的求值**

scheme_eval()函数在一个给定的环境中求值 Scheme 表达式。该函数目前已经实现了基本数据的求值，如符号、数字，也实现了特殊形式的求值，如 if。

在 scheme_eval()函数中，复合表达式（过程调用表达式）的求值功能尚未实现。当补充完成问题 4 的代码之后，结合上个步骤已经实现的问题 3 代码，便可以调用 Scheme 内置的基本函数，实现基本过程调用表达式的求值功能。例如，能够求值下面的表达式：

```
(* 3 (+ 2 7))
```

再次提醒，Scheme 表达式是列表数据结构，底层由 Pair 类构成。

这个步骤有两处代码需要补充。

（1）scheme_eval()函数

● 求值，从而得到要调用的过程

过程调用表达式，如(+ 3 6 9)，是一个（可能嵌套的）Scheme 列表，列表的首个元素是一个表达式，这个表达式的求值结果是一个过程。以上述的例子(+ 3 6 9)进行说明，+是一个表达式，求值的结果是内置的加法函数（过程）。除了内置过程，还有用户自定义函数。首先要做的，就是递归调用自身，求值首元素表达式，得到对应的过程数据结构。过程数据结构对应于 Procedure 类的具体子类对象。

135

● 检查得到的过程数据结构的有效性

为了保证程序的健壮，需要调用 check_procedure()函数（已实现）检查上一步的结果。这样，当用户输入(5 6 7)之类的表达式时，由于首元素并非一个过程（函数），程序会中止求值过程并给出提示。

● 调用 Procedure 类的 eval_call 方法进行求值

经过上一步的检查，确保过程对象属于 Procedure 类。接下来，需要调用 Procedure 类对象的 eval_call 方法，实际完成过程调用的求值。

（2）Procedure 类的 eval_call 方法

前面 scheme_eval 函数调用 Procedure 类对象的 eval_call 方法时，传入的参数是 Scheme 的表达式列表，在 eval_call 方法中，需要完成以下两项工作。

● 对传入的 Scheme 表达式列表的每一个元素进行求值。

Scheme 表达式列表由 Pair 构成，Pair 类的 map 方法能够对列表每个元素应用同一个函数，从而生产新的列表。利用 map 方法，对列表的每个元素应用 scheme_eval()函数求值，从而得到参数列表。

● 使用上一步获得的参数列表，调用自身对象的 apply 方法，实现自身对象代表的过程的应用，并返回过程应用的结果。

完成代码后，在 Linux 的命令行中，启动 Scheme 解释器：

```
cd <项目根目录>

PYTHONPATH=. python3 sugon/edu/scheme.py
```

如果代码没有问题，就可以求值内置的 Scheme 过程（函数）了。例如：

```
scm> (* 3
        (+ 10 5))
45
scm> (display "Hello\n")
Hello
```

按【Ctrl+D】组合键结束程序。

➤ 步骤八　补充完成问题 5 的代码，（部分）实现 define 特殊形式

在这个步骤中，可部分实现 define 这个特殊形式，实现变量定义（从名字到值的绑定）功能。

在开始补充这个步骤的代码之前，读者可以先访问 biwascheme 网站，在该网站上练习使用 define 特殊形式。例如：

```
biwascheme> (define x 10)
biwascheme> (define y 20)
biwascheme> (+ x y)
=> 30
```

在 scheme.py 模块的 scheme_eval()函数中，当所求值的复合表达式为特殊形式时，代码进入下面的分支：

```
if first in SPECIAL_FORMS:  # 特殊形式
    return SPECIAL_FORMS[first](rest, env)
```

在 SPECIAL_FORMS 的定义中，可以找到 define 对应的实现：do_define_form()函数。请补充完成该函数中标注为问题 5 的部分。

在问题 5 中，expressions 是两个元素的 Scheme 列表。列表的第一个元素是变量名，第二个元素是一个表达式，表达式的求值结果将作为变量的值。

读者需要完成下面的步骤（下面用伪代码表示）：

```
获取列表的第二个元素
求值该元素对应的表达式
在环境 env 中绑定（定义）名字和表达式的值
将名字作为函数的返回值
```

完成代码后，在 Linux 的命令行中，启动 Scheme 解释器：

```
cd <项目根目录>
PYTHONPATH=. python3 sugon/edu/scheme.py
```

如果代码没有错误，现在可以使用 define 特殊形式了。例如：

```
scm> (define x 21)
x
scm> (define y 55)
y
scm> x
21
scm> y
55
scm> (+ x y)
76
```

按【Ctrl+D】组合键结束程序。

> **步骤九　补充完成问题 6 的代码，实现 quote 特殊形式**

首先复习案例思路中"符号与引用"的内容，访问 biwascheme 网站，在该网站上练习符号的相关操作，加深对 quote 特殊形式的理解。例如：

```
biwascheme> (define x 5)
biwascheme> x
=> 5
biwascheme> (quote x)
=> x
biwascheme> 'x
=> x
biwascheme> y
Error: execute: unbound symbol: "y" []
biwascheme> (quote y)
=> y
biwascheme> 'y
=> y
```

接下来完成 scheme.py 文件中的 do_quote_form()函数。参数 expressions 是一个元素的 Scheme 列表。读者需要做的是返回其中的元素，无须对它进行求值。

完成代码后，在 Linux 的命令行中，启动 Scheme 解释器：

```
cd <项目根目录>
```

```
PYTHONPATH=. python3 sugon/edu/scheme.py
```

如果代码没有错误，现在可以使用 quote 特殊形式了。例如：

```
scm> (define x 5)
x
scm> x
5
scm> (quote x)
x
scm> (quote (a (b (c d))))
(a (b (c d)))
scm> (car (quote (a b c)))
a
```

按【Ctrl+D】组合键结束程序。

'(a b c)是(quote (a b c))的简写方式，使用单引号代替(quote)。完成 scheme_reader.py 文件中的 scheme_read()函数，补充完成问题 6 的代码（下面用伪代码表示流程）：

```
首先，调用 scheme_read 自身读取下一个表达式
然后，使用 Pair 构造两个元素的 Scheme 列表
    (quote 表达式)
    其中第一个元素使用 Python 的字符串"quote"表示。
    返回该列表
```

完成代码后，在 Linux 的命令行中，启动 Scheme 解释器：

```
cd <项目根目录>
```

```
PYTHONPATH=. python3 sugon/edu/scheme.py
```

如果代码没有错误，现在就可以使用单引号表达 quote 特殊形式了。例如：

```
scm> 'x
x
scm> '(a b c)
(a b c)
scm> (car '(a b c))
a
```

按【Ctrl+D】组合键结束程序。

➤　　**步骤十　补充完成问题 7 的代码，实现 lambda 特殊形式**

复习案例思路中自定义函数的部分。Scheme 语言使用 lambda 特殊形式创建自定义匿名函数。例如：

```
biwascheme> (lambda (x y) (+ x y))
=> #<Closure>
biwascheme> ((lambda (x y) (+ x y))
...                 3 5)
=> 8
```

补充完成 scheme.py 文件中的 do_lambda_form()函数。

do_lambda_form()函数的 expressions 是一个 Scheme 列表，元素个数至少为两个。列表的第一个元素是形式参数列表，从第 2 个元素开始是 lambda 函数的函数体。下面用伪代码表示流程：

获取 expressions 的第一个元素，作为形参列表（已实现）

获取 expressions 的其余元素构成的 Scheme 列表，作为自定义函数的函数体（Body）

创建 LambdaProcedure 对象并返回

完成代码后，在 Linux 的命令行中，启动 Scheme 解释器：

```
cd <项目根目录>
PYTHONPATH=. python3 sugon/edu/scheme.py
```

如果代码没有错误，现在就可以使用 lambda 特殊形式创建匿名自定义函数了，只是还不能调用自定义的函数。例如：

```
scm> (lambda (x y) (display "x+y\n") (+ x y))
(lambda (x y) (display "x+y\n") (+ x y))
scm> (define f
        (lambda (x y) (display "x+y\n") (+ x y)))
f
scm> f
(lambda (x y) (display "x+y\n") (+ x y))
```

按【Ctrl+D】组合键结束程序。

➤　　**步骤十一　补充完成问题 8 的代码，实现 Frame 类的 make_child_frame 方法**

Frame 类用于实现全局环境以及函数调用的环境。类似于 Python 中的环境，Scheme 的环境同样由多级的 Frame 构成，下一级的 Frame 指向了上一级的 Frame。当一次函数调用发生时，Frame

类的 make_child_frame 方法被调用，从而创建当前 Frame 的下一级 Frame。

在 make_child_frame 方法中，需要完成以下工作（下面用伪代码表示流程）。

创建一个 Frame 实例，其 parent 指向自身。（已实现）

检查形式参数列表的长度和参数值列表的长度是否相等，如不相等，则抛出 SchemeError 异常。

在新建的 child Frame 中，将形式参数与对应的参数值绑定起来。提示，使用 Frame 的 define 方法。

完成这个步骤后，读者暂时还不能看到效果，还需要结合下一个步骤，才能调用自定义函数。

➤ **步骤十二　补充完成问题 9 的代码，实现 make_call_frame 方法**

LambdaProcedure 类用于表达用户自定义函数，即 Scheme 语言的 lambda 函数。在这个步骤中，读者需要完成 LambdaProcedure 类的 make_call_frame 方法。

当自定义函数被调用时，make_call_frame 方法创建一个新的 frame 实例，从而构成了一个新的环境，自定义函数的代码将在这个新的环境中求值。

读者需要调用 Frame 类的 make_child_frame 方法创建新的 frame 实例，并将函数的形式参数绑定到本次调用的实际参数上。

完成代码后，在 Linux 的命令行中，启动 Scheme 解释器：

```
cd <项目根目录>
PYTHONPATH=. python3 sugon/edu/scheme.py
```

如果代码没有错误，就可以调用自定义的函数了。例如：

```
scm> (define f
        (lambda (x y) (+ x y)))
f
scm> (f 2 3)
5
```

只是目前的自定义函数还有很大的限制：函数体只能有一个表达式。如果函数体超过一个表达式，则只有第一个表达式会得到求值，其余的表达式会被忽略。例如：

```
scm> (define f
        (lambda (x y) (display "hello\n") (+ x y)))
f
scm> (f 2 3)
hello
```

这个结果不符合预期。读者需要进一步完成下面的步骤。

➤ **步骤十三　补充完成问题 10 的代码，实现完整的自定义函数求值过程**

用户自定义 lambda 函数被调用时，LambdaProcedure 类的 apply 方法会被调用。阅读这一部分的代码时，可以注意到，eval_all()函数被用于求值函数体。在这个步骤中，读者需要修改 eval_all()函数的代码，使其能够求值所有的函数体表达式，而不仅仅是第一个表达式。

eval_all()函数的 expressions 参数是一个 Scheme 列表，按序存放函数体的每一个表达式。请修改 eval_all()函数的旧代码，使其按序求值 expressions 的每一个表达式，并返回最后一个表达式的求值结果。

完成代码后，在 Linux 的命令行中，启动 Scheme 解释器：

```
cd <项目根目录>
PYTHONPATH=. python3 sugon/edu/scheme.py
```

如果代码没有错误，则现在完成的自定义的函数应该可以支持多个表达式的函数体了。例如：

```
scm> (define f
        (lambda (x y) (display "hello\n") (+ x y)))
f
scm> (f 2 3)
hello
5
```

到目前为止，读者就已经实现了一门程序语言，其具备表达式求值、变量定义与使用、流程控制、内置函数调用以及自定义函数功能，并且具备了现代程序设计语言的核心功能。在此基础上，你可以进一步实现各种更强大的功能。比如，Scheme 语言的宏（Macro）是一种非常强大的功能，如果你实现了这个功能，你设计的语言就能够完成很多 Python 都无法实现的功能。感兴趣的同学，可自行查阅相关材料，进一步扩展这个基本语言，尝试解决更具挑战性的问题。

➤ **步骤十四　填写 README 文件以及设计文档**

文件内容主要是项目概况、项目安装与配置使用说明、项目有关的其他文档存放位置和介绍等。

此外，在完成项目代码的同时，读者可根据自己对项目的整体理解，写一份设计说明文档，将其放在项目根目录的.doc 目录下。

第7章
Python 多线程程序设计

　　多线程是指从软件或者硬件上实现并发执行多个线程的技术。在程序设计过程中，程序员可以将相对独立的计算任务拆分出来，构造成独立运行的代码片段。这些独立运行的程序片段称为线程，是操作系统可调度的最小执行单位。采用这种方式进行编程，就是多线程编程。在应用程序中使用多线程编程，可以提高应用程序的并发性和处理速度。

　　本章首先要探讨多线程的几个概念：

　　（1）并发；

　　（2）并行；

　　（3）竞争条件；

　　（4）临界区与锁；

　　（5）生产者-消费者模式。

　　其次，还将介绍 Threading 模块。在 Python 中，Threading 模块可用来管理多线程。

7.1　并发和并行

　　在软件开发、网站开发过程中经常有并发、并行这样的多线程处理与应用。因此，有必要对其进行了解与掌握。

7.1.1　并发

在操作系统中，并发是指在在一个时间段内有几个程序都处于已启动运行到运行完毕之间，且这几个程序都是在同一个处理器上运行，但任意一个时刻只有一个程序在处理器上运行。

当有多个线程在操作时，如果系统只有一个 CPU，则它根本不可能真正同时运行一个以上的线程，它只能把 CPU 运行时间划分成若干个时间段，再将时间段分配给各个线程执行。在一个时间段的线程代码运行时，其他线程处于挂起状态，这种方式就称为并发。

在多核 CPU 的支持下，人们也越来越关注并发编程。并发编程可以帮助应用程序提高响应速度，减少等待时间并增加吞吐量。我们可以充分利用多核处理器的性能优势以及多任务并发的方法来提高程序运行效率和响应速度。

例 7-1　设计并发线程。

具体示例代码如下。

```python
# -*- coding:utf-8 -*-
import threading
import urllib.request
import  time


def surf_net(url):
    start_time = time.time()
    print('surf start', start_time)
    try:
        urllib.request.urlopen(url)
    except urllib.URLError as e:
        print(e.reason)
    time.sleep(2)
    end_time = time.time()
    print(url, urllib.request.urlopen(url).code, end_time - start_time)
url_list = ['https://www.taobao.com', 'https://www.baidu.com', 'https://www.jd.com']
for j in url_list:
    print(j)
    surf_net(j)


print('\n')
```

```
begin_time = time.time()
threads = []
for index in url_list:
    print(index)
one_thread = threading.Thread(target=surf_net(index), args=(index,))
    threads.append(one_thread)
for j in threads:
    j.start()
for j in threads:
    j.join()     # 阻塞当前线程（即主线程），等待全部子线程结束后，主线程才结束。
stop_time = time.time()
```

执行结果如下：

```
https://www.taobao.com
surf start 1528374901.5727413
https://www.taobao.com 200 2.638150930404663
https://www.baidu.com
surf start 1528374904.6169155
https://www.baidu.com 200 2.1181211471557617
https://www.jd.com
surf start 1528374906.9490488
https://www.jd.com 200 3.105177640914917


https://www.taobao.com
surf start 1528374910.1742334
https://www.taobao.com 200 2.281130313873291
https://www.baidu.com
surf start 1528374912.8163846
https://www.baidu.com 200 2.1181209087371826
https://www.jd.com
surf start 1528374915.067513
https://www.jd.com 200 2.0751190185546875
```

上面的代码要访问 3 个网页。很明显，顺序执行比并发执行的耗时更长。

7.1.2　并行

并行是指多个处理器或者是多核的处理器同时处理多个不同的任务。

例 7-2　设计并行进程。

具体示例代码如下。

```python
#-*- coding: UTF-8 -*-
import math, sys, time
import pp
def IsPrime(n):   #返回 n 是否是质数
    if not isinstance(n, int):
        raise TypeError("argument passed to is_prime is not of 'int' type")
    if n < 2:
        return False
    if n == 2:
        return True
    max = int(math.ceil(math.sqrt(n)))
    i = 2
    while i <= max:
        if n % i == 0:
            return False
        i += 1
    return True
def SumPrimes(n):
    for i in xrange(15):
        sum([x for x in xrange(2,n) if IsPrime(x)])  #计算 2~n 范围的所有质数的和
        return sum([x for x in xrange(2,n) if IsPrime(x)])
inputs = (100000, 100100, 100200, 100300, 100400, 100500, 100600, 100700)
start_time = time.time()
for input in inputs:
  print(SumPrimes(input))
print('单线程执行，总耗时', time.time() - start_time, 's')
ppservers = ()
if len(sys.argv) > 1:
    ncpus = int(sys.argv[1])
    job_server = pp.Server(ncpus, ppservers=ppservers)
else:
    job_server = pp.Server(ppservers=ppservers)
print("pp 可以用的工作核心线程数", job_server.get_ncpus(), "workers")
start_time = time.time()
jobs = [(input, job_server.submit(SumPrimes,(input,), (IsPrime,), ("math",))) for
```

```
input in inputs]
    #提交任务
    for input, job in jobs:
        print("Sum of primes below", input, "is", job())  # 获取方法执行结果
    print("多线程下执行耗时: ", time.time() - start_time, "s")
    job_server.print_stats()#输出结果
```

执行结果如下:

```
454396537
454996777
455898156
456700218
457603451
458407033
459412387
460217613
单线程执行,总耗时 46.2690000534 s
pp 可以用的工作核心线程数 4 workers
Sum of primes below 100000 is 454396537
Sum of primes below 100100 is 454996777
Sum of primes below 100200 is 455898156
Sum of primes below 100300 is 456700218
Sum of primes below 100400 is 457603451
Sum of primes below 100500 is 458407033
Sum of primes below 100600 is 459412387
Sum of primes below 100700 is 460217613
多线程下执行耗时: 23.2749998569 s
Job execution statistics:
 job count | % of all jobs | job time sum | time per job | job server
        8 |        100.00 |      92.4610 |    11.557625 | local
Time elapsed since server creation 23.2749998569
0 active tasks, 4 cores
```

并行和并发是容易搞混的两个概念。这两者的区别如下。

(1)并发是两个任务可以在重叠的时间段内启动、运行和完成,并行则是任务在同一时间运行。

(2)并发是独立执行过程的组合,而并行是同时执行。

(3)并发是一次处理很多事情,并行是同时做很多事情。

(4)应用程序可以是并发的,但不是并行的,这意味着它可以同时处理多个任务,但是没有

两个任务在同一时刻执行。

（5）应用程序可以是并行的，但不是并发的，这意味着它同时处理多核 CPU 中的任务的多个子任务。

（6）一个应用程序可以既不是并行的，也不是并发的，这意味着它可以一次一个地处理所有任务。

（7）应用程序可以既是并行的也是并发的，这意味着它同时在多核 CPU 中同时处理多个任务。

7.1.3　示例：货物运送

下面，我们通过一个具体的例子讲解并发和并行。

货物运送：地鼠要把一堆废弃书籍运到火炉里烧掉。

问题：如果一只地鼠推一辆车到一个火炉，则工作效率会比较低，如图 7-1 所示。

图 7-1　一只地鼠推一辆车到一个火炉

可以通过两种方式解决这个问题。

第一种方式：多只地鼠推多辆车到多个火炉，可以通过启动多个进程实现，这就是并行，如图 7-2 所示。

图 7-2　多只地鼠推多辆车到多个火炉

第二种方式：多只地鼠推多辆车到一个火炉，可以启动多个线程实现，这就是并发。如图 7-3 所示，将运送过程分成两个阶段：一部分地鼠（这部分地鼠里的每一只地鼠代表一个线程）负责运送前半程，然后将货物卸载于中转站；另一部分地鼠（这部分地鼠里的每一只地鼠也代表一个线程）从货物中转站装载货物并运送后半程，最后倒入火炉。与前面并行方式不同的是，地鼠在货物中转站需要有一个沟通的机制。例如，当货物中转站没有货物时，负责后半程的地鼠（线程）必须等待负责前半程的地鼠（线程）将货物送达中转站。

图 7-3　多只地鼠推多辆车一个火炉

例 7-3　并发实现货物运送。

具体示例代码如下。

```python
#-*-coding:utf-8-*-
import threading


# 地鼠线程类定义
class Gopher(threading.Thread):
    def __init__(self, cond, name):
        super(Gopher, self).__init__()
        self.cond = cond
        self.name = name


    def run(self):     # 表示线程活动的方法
        print('\n 我是代号为%d 的地鼠%s;\n'%(self.cond,self.name))


# 创建两个线程对象
cond=1
gopher1 = Gopher(cond, 'gopher1')


cond=2
gopher2=Gopher(cond,'gopher2')


# 启动这两个线程
gopher1.start()
gopher2.start()


# 当前线程等待新建线程结束
gopher1.join()
```

```
gopher2.join()
print('我是主线程.')
```

输出结果如下：

我是代号为 1 的地鼠 gopher1；

我是代号为 2 的地鼠 gopher2；

我是主线程.

7.2　线程

进程是执行中的计算机程序。每个进程都拥有自己的地址空间、内存、数据栈及其他的辅助数据。操作系统管理着所有的进程，并为这些进程合理地分配时间。

线程在进程之下执行，一个进程下可以运行多个线程，它们之间可以共享相同的上下文。线程包括开始、执行顺序和结束 3 个部分。它有一个指针，用于记录当前运行的上下文。当其他线程执行时，它可以被抢占（也称中断）和临时挂起（也称睡眠），这种做法叫作让步。

一个进程中的各个线程与主线程共享同一片数据空间。因此，与独立进程相比，线程之间的信息共享和通信会更加容易。线程一般并发执行，正是由于这种并发和数据的共享机制，才使得多任务间的协作成为可能。当然，这种共享并不是没有风险的。如果多个线程访问同一数据空间，则由于访问顺序不同，可能导致结果不一致，这种情况通常称为竞争（竞态）条件。不过，大多数线程库都有同步原语，用于允许线程管理器的控制执行和访问；另一个要注意的问题是：线程无法给予公平的执行时间，CPU 的时间分配会倾向那些阻塞更少的函数。

7.2.1　Threading 模块

Python 提供了几个用于多线程编程的模块，如 Thread、Threading 等。Thread 和 Threading 模块允许程序员创建和管理线程。Thread 模块提供了基本的线程和锁的支持；Threading 模块则是 Python 支持多线程编程的重要模块，该模块是在底层模块 Thread 的基础上开发的更高层次的线程编程接口，提供了大量的方法和类来支持多线程编程，它极大地增强了线程管理的功能，并方便了用户的使用。

需要注意的是，我们应该尽量避免使用 Thread 模块。首先，因为更高级别的 Threading 模块的功能更为强大，对线程的支持更为完善，而且使用 Thread 模块里的属性有可能会与 Threading

出现冲突；其次，低级别的 Thread 模块的同步原语很少，而 Threading 模块则有很多；第三，当 Thread 模块中的主线程结束时，所有的线程都会被强制结束，没有警告也不会有正常的清除工作，不支持守护线程，而 Threading 模块则能确保重要的子线程退出后进程才退出，支持守护线程。

Python 通过引用 Threading 模块来管理线程。导入 Threading 模块的方法如下：

```
>>> import threading
```

1. 创建线程

导入模块 Threading，通过 threading.Thread()创建线程。其中 target 接收的是要执行的函数名字，args 接收传入函数的参数，以元组的形式表示。

```
import threading
def qdxc(n)
print("qdxc(%s)"%n)
q = threading.Thread(target=qdxc,args=(1,))     #创建线程对象
```

2. 启动线程

通过线程对象 t1.start()或 t2.start()启动线程。

```
q1 = threading.Thread(target=qdxc, args=(1,)) # 生成一个线程实例
q2 = threading.Thread(target=qdxc, args=(2,)) # 生成另一个线程实例
q1.start()  # 启动线程
q2.start()  # 启动另一个线程
```

例 7-4   创建和启动线程。

具体示例代码如下。

```
import threading
import time
def qdxc1(n):
 print("qdxc1(%s)"%n)
 time.sleep(1)
def qdxc2(n):
 print("qdxc2(%s)"%n)
 time.sleep(2)
q1 = threading.Thread(target=qdxc1,args=(1,))
q2 = threading.Thread(target=qdxc2,args=(2,))
q1.start()
q2.start()
print("...in the main...")
```

执行结果：

```
qdxc1(1)...in the main...qdxc2(2)
```

程序启动后，主线程从上到下依次执行，q1、q2 两个子线程启动后，与主线程并行，抢占 CPU 资源。因此，输出结果几乎被同时打印出来。

3. 阻塞线程

在子线程执行完成之前，这个子线程的父线程将一直被阻塞。也就是说，当调用 join()的子进程没有结束之前，主线程不会向下执行。函数说明如下：

```
>>>join(timeout)
```

参数 timeout 指定超时时间（单位：秒）。如超过指定时间，则 join()不再阻塞进程。

例 7-5　阻塞线程。

具体示例代码如下。

```python
import threading
from time import ctime,sleep
import time


def music(par):
    for i in range(2):
        print ("Begin listening to %s. %s" %(par,ctime()))
        sleep(2)
        print("end listening %s"%ctime())


def movie(par):
    for i in range(2):
        print ("Begin watching at the %s! %s" %(par,ctime()))
        sleep(3)
        print('end watching %s'%ctime())


threads = []
x1 = threading.Thread(target=music,args=('最炫民族风',))
threads.append(x1)
x2 = threading.Thread(target=movie,args=('泰坦尼克号',))
threads.append(x2)


if __name__ == '__main__':

    for x in threads:
        x.start()
        x.join()
```

```
print ("All is over %s" %ctime())
```

执行结果：

```
Begin listening to 最炫民族风. Sat Jun 16 11:06:21 2018
end listening Sat Jun 16 11:06:23 2018
Begin listening to 最炫民族风. Sat Jun 16 11:06:23 2018
end listening Sat Jun 16 11:06:25 2018
Begin watching at the 泰坦尼克号! Sat Jun 16 11:06:25 2018
end watching Sat Jun 16 11:06:28 2018
Begin watching at the 泰坦尼克号! Sat Jun 16 11:06:28 2018
end watching Sat Jun 16 11:06:31 2018
All is over Sat Jun 16 11:06:31 2018
```

结果解析：

x1 线程启动→Begin listening→2s 后 end listening + Begin listening →2s 后 x2 线程启动 end listening x1 结束 + Begin watching→3s 后 end listening + Begin watching→3s 后 end listening x2 结束 + All is over 最后主进程结束。

4. setDaemon()函数

创建线程后，通常还需要调用线程对象的 setDaemon()方法将线程设置为守护线程。主线程执行完成后，如果还有其他非守护线程，则主线程不会退出，而是会被无限挂起。将线程声明为守护线程之后，如果队列中的线程运行完成，则整个程序无须等待就可以退出。Current_thread()函数可用于获取当前进程的名称。setDaemon()函数的使用方法如下：

```
>>> 线程对象.setDaemon(是否设置为守护线程)
```

setDaemon()函数必须在运行线程之前被调用。调用线程对象的 start()方法可以运行线程。

例 7-6　子线程随主线程结束而结束。

具体示例代码如下。

```
import threading
import time
class mythread(threading.Thread):
    def __init__(self,id):
        threading.Thread.__init__(self)
    def run(self):
        time.sleep(7)
        print("It is " + self.getName())


if __name__ == "__main__":
```

```
x1=mythread(100)
x1.setDaemon(True)
x1.start()
print("I am the main thread.")
```

结果:

```
I am the main thread.
```

显然，子线程 x1 中的内容并未打出。因为 x1.setDaemon(True)将线程 x1 设置成了守护线程，所以，由 setDaemon()的用法可知，无论子线程是否执行完，主线程打印内容后都会结束。

在程序运行过程中，系统执行一个主线程。如果主线程又创建了一个子线程，则主线程和子线程会分别运行；而当主线程完成后，需要退出时，则系统会检验子线程是否完成。如果子线程未完成，则主线程会等待子线程完成后再退出。但是，有时用户只需主线程完成，无论子线程是否完成，都要和主线程一起退出，这时使用 setDaemon()方法就可以了。

7.2.2　竞争条件

多个线程或进程并发访问和操作同一数据，其执行结果与访问的顺序有关，这就称为竞争（竞态）条件。

竞争条件发生在多个进程或者线程读写数据时，其最终的结果依赖于多个进程或线程的指令执行顺序。

例如，假设两个线程或进程 T_1 和 T_2 共享了变量 a。在某一执行时刻，T_1 更新 a 为 1，在另一时刻，T_2 更新 a 为 2。因此两个任务竞争地写变量 a。在这个例子中，竞争的"失败者"（最后更新的进程）决定了变量 a 的最终值。

在 Python 多线程中，当两个或两个以上的线程对同一个数据进行操作时，可能会产生"竞争条件"的现象。这种现象产生的根本原因是多个线程在对同一个数据进行操作，此时对该数据的操作是非"原子化"的（原子操作是指不会被线程调度机制打断的操作。这种操作一旦开始，就会一直运行到结束，中间不会切换到另一个线程），可能前一个线程对数据的操作还没有结束，后一个线程又开始对同样的数据开始进行操作，这就可能会造成未知的数据结果的出现。

事实上，在同一个应用程序中运行多个线程本身并不会引起问题。只有当多个线程访问相同的资源时才会出现问题，如多个线程访问同一块内存区域（变量、数组或对象）、系统（数据库、Web 服务等）或文件。

例 7-7　资源竞争问题。

具体示例代码如下。

```
import threading
from random import randint
from time import sleep, ctime


i=1
def mythread1():
    global i
    if  i==1:
        sleep(3)
        if  i==2:
            print("Hack it!")
        else:
            print("You can try again!")


def mythread2():
    global i
    sleep(1)
    i=2


def main():
    print("Start at: ", ctime())

    x1=threading.Thread(target=mythread1)
    x1.start()
    x1.join(5)

    x2=threading.Thread(target=mythread2)
    x2.start()

    print("Done at: ", ctime())


if __name__ == '__main__':
    main()
```

以上程序运行的结果是：

```
Start at:  Sat Jun 16 16:56:38 2018
You can try again!
Done at:  Sat Jun 16 16:56:41 2018
```

注释掉 x1.join(5)的运行结果是：

```
Start at:  Sat Jun 16 16:58:26 2018
Done at:  Sat Jun 16 16:58:26 2018
```

7.2.3　临界区与锁

临界区是指一段代码，这段代码是用来访问临界资源的。临界资源可以是硬件资源，也可以是软件资源。但它们有一个特点，一次仅允许一个进程或线程访问。当有多个线程试图同时访问，但已经有一个线程在访问该临界区时，则其他线程将被挂起。临界区被释放后，其他线程可继续抢占该临界区。

临界区是一种轻量级的同步机制，与互斥和事件这些内核同步对象相比，临界区是用户态下的对象，即只能在同一进程中实现线程互斥。因为无须在用户态和核心态之间切换，所以工作效率比互斥要高得多。

临界区的使用方法非常简单。

```
>>> from collections import Iterable    # 引入可迭代类型
>>> from collections import Iterator    # 引入迭代器类型
>>> x = [1, 2, 3]
>>> isinstance(x, Iterable)             # 列表是可迭代类型的实例
True
>>> isinstance(x, Iterator)             # 列表不是迭代器类型的实例
False
```

Python 代码的执行由 Python 虚拟机（又名解释器主循环）进行控制。Python 在被设计出来时是这样考虑的，在主循环中同时只能执行一个控制线程。对 Python 虚拟机的访问由全局解释器锁（GIL）控制。这个锁的功能在于：当有多个线程时，保证同一时刻只能有一个线程在运行。

由于 Python 的 GIL 的限制，多线程更适合 I/O 密集型应用（I/O 释放了 GIL，可以允许更多的并发）；对于计算密集型应用，为了实现更好的并行性，用户可使用多进程，以便利用 CPU 的多核优势。

当多线程争夺锁时，允许第一个获得锁的线程进入临界区，并执行代码。所有之后到达的线程将被阻塞，直到第一个线程执行结束，退出临界区，并释放锁。需要注意的是，那些被阻塞的线程是无序的。

例 7-8　临界区与锁。

具体示例代码如下。

```
#!/usr/bin/env python3
```

```
import threading
from random import randint
from time import sleep, ctime

L = threading.Lock()    # 引入锁

def hi(n):
    L.acquire()              # 加锁
    for i in [1,2]:
        print(i)
        sleep(n)
        print("zzzZZZ。。。。。, sleep: ", n)
    L.release()              # 释放锁

def main():
    print("Start at: ", ctime())
    threads = []

    for i in range(10):
        rands = randint(1,2)
        t = threading.Thread(target=hi, args=(rands,))
        threads.append(t)

    for i in range(10):
        threads[i].start()

    for i in range(10):
        threads[i].join()

    print("Done at: ", ctime())

if __name__ == '__main__':
    main()
```

运行上面的代码，结果如下：

```
Start at:  Sat Jun 16 17:31:47 2018
1
zzzZZZ。。。。。, sleep:  2
```

```
2
zzzZZZ。。。。。。, sleep: 2
1
zzzZZZ。。。。。。, sleep: 1
2
zzzZZZ。。。。。。, sleep: 1
1
zzzZZZ。。。。。。, sleep: 2
2
zzzZZZ。。。。。。, sleep: 2
1
zzzZZZ。。。。。。, sleep: 2
2
zzzZZZ。。。。。。, sleep: 2
1
zzzZZZ。。。。。。, sleep: 1
2
zzzZZZ。。。。。。, sleep: 1
1
zzzZZZ。。。。。。, sleep: 2
2
zzzZZZ。。。。。。, sleep: 2
1
zzzZZZ。。。。。。, sleep: 2
2
zzzZZZ。。。。。。, sleep: 2
1
zzzZZZ。。。。。。, sleep: 2
2
zzzZZZ。。。。。。, sleep: 2
1
zzzZZZ。。。。。。, sleep: 1
2
zzzZZZ。。。。。。, sleep: 1
1
zzzZZZ。。。。。。, sleep: 1
2
```

```
zzzZZZ。。。。。。, sleep: 1
Done at:  Sat Jun 16 17:32:19 2018
```

将锁的代码注释之后再运行，结果如下：

```
Start at:  Sat Jun 16 17:34:40 2018
1
1
1
1
1
1
1
1
1
1
zzzZZZ。。。。。。, sleep: 1
zzzZZZ。。。。。。, sleep: 1
zzzZZZ。。。。。。, sleep: 1
2
2
2
zzzZZZ。。。。。。, sleep: 1
2
zzzZZZ。。。。。。, sleep: 2
zzzZZZ。。。。。。, sleep: 2
2
2
zzzZZZ。。。。。。, sleep: 2
zzzZZZ。。。。。。, sleep: 2
zzzZZZ。。。。。。, sleep: 2
2
2
2
zzzZZZ。。。。。。, sleep: 1
zzzZZZ。。。。。。, sleep: 2
zzzZZZ。。。。。。, sleep: 1
zzzZZZ。。。。。。, sleep: 1
2
```

```
zzzZZZ。。。。。, sleep: 1
zzzZZZ。。。。。, sleep: 2
zzzZZZ。。。。。, sleep: 2
zzzZZZ。。。。。, sleep: 2
zzzZZZ。。。。。, sleep: 2
zzzZZZ。。。。。, sleep: 2
zzzZZZ。。。。。, sleep: 2
Done at: Sat Jun 16 17:34:44 2018
```

7.2.4　生产者–消费者模式

在线程中，生产者就是生产数据的线程，消费者就是消费数据的线程。在多线程开发当中，如果生产者处理速度很快，而消费者处理速度很慢，那么生产者就必须等待消费者处理完，才能继续生产数据。同样地，如果消费者的处理能力大于生产者，那么消费者就必须等待生产者。为了解决这种生产与消费能力不均衡的问题，生产者–消费者模式就应运而生。

在并发编程中使用生产者–消费者模式能够解决绝大多数并发问题。该模式通过平衡生产线程和消费线程的工作能力来提高程序整体处理数据的速度。

生产者–消费者模式是通过一个容器来解决生产者与消费者的强耦合问题。生产者与消费者彼此之间不直接通信，而通过阻塞队列来进行通信。生产者生产完数据之后不用等待消费者处理，而是直接传给阻塞队列；消费者不向生产者索要数据，而是直接从阻塞队列里获取。因此，阻塞队列就相当于一个缓冲区，平衡了生产者和消费者的处理能力，解耦了生产者和消费者。

下面看一个生产者–消费者模式的例子。

例 7-9　生产者–消费者模式示例。

具体示例代码如下。

```
#-* coding: utf-8 -*
import threading, time, queue
q = queue.Queue()
def Produce(name):
    count =1              # conut 表示做的肠粉总数
    while count < 4:
        print('生产者%s 在做肠粉中…'%name)
        time.sleep(2)
        q.put(count)      # 容器中添加肠粉
    # 当做完一份肠粉后就要给顾客发送一个信号,表示已经做完,让他们吃肠粉
        print('生产者%s 已经做好了第%s 份肠粉'%(name, count))
```

```
            count += 1
            print('正在制作中…')
def Consumer(name):
    count = 0                    # count 表示肠粉被吃的总数
    while count < 4:
        time.sleep(2)            # 排队去取肠粉
        if not q.empty():        # 如果存在
            data = q.get()       # 取肠粉，吃肠粉
            print('\032消费者%s正在吃第%s份肠粉…\032' %(name, data))


        count += 1
if __name__ == '__main__':
    p1 = threading.Thread(target=Produce, args=('老板',))
    c1 = threading.Thread(target=Consumer, args=('张三',))
    c2 = threading.Thread(target=Consumer, args=('李四',))
    c3 = threading.Thread(target=Consumer, args=('王五',))

    p1.start()
    c1.start()
    c2.start()
    c3.start()

    p1.join()
    c1.join()
    c2.join()
    c3.join()
```

程序执行结果如下：

生产者老板在做肠粉中…

生产者老板已经做好了第 1 份肠粉

正在制作中…

生产者老板在做肠粉中…

　消费者王五正在吃第 1 份肠粉…

生产者老板已经做好了第 2 份肠粉

正在制作中…

生产者老板在做肠粉中…

　消费者王五正在吃第 2 份肠粉…

生产者老板已经做好了第 3 份肠粉

正在制作中…

　消费者张三正在吃第 3 份肠粉…

　　本节讲解了生产者-消费者模式，并给出了实例。生产者-消费者模式的应用场景很多，特别适合用于处理任务时间比较长的场景。例如，上传附件并处理，用户把文件上传到系统后，系统把文件放置在队列里，然后立刻返回告诉用户上传成功，最后消费者再去队列里取出文件处理。又如，调用一个远程接口查询数据。如果远程服务接口查询需要几十秒的时间，那么，它可以提供一个申请查询的接口，这个接口把要申请查询的任务放在数据库中，然后该接口立刻返回。接下来，服务器端使用线程轮询并对获取的申请任务进行处理，处理完之后发消息给调用方，让调用方再来调用另外一个接口获取数据。